2022年度石油优秀政研成果选编

中国石油党建思想政治工作研究会 编

石油工业出版社

图书在版编目（CIP）数据

2022年度石油优秀政研成果选编／中国石油党建思想政治工作研究会编．—北京：石油工业出版社，2023.7

ISBN 978-7-5183-6041-3

Ⅰ．①2… Ⅱ．①中… Ⅲ．①中国共产党－石油企业－党的建设－文集　Ⅳ．① D267.1-53

中国国家版本馆CIP数据核字（2023）第099570号

出版发行：石油工业出版社
（北京安定门外安华里2区1号楼　100011）
网　　址：www.petropub.com
电　　话：（010）64523582
经　　销：全国新华书店
印　　刷：北京中石油彩色印刷有限责任公司

2023年7月第1版　2023年7月第1次印刷
710×1000毫米　开本：1/16　印张：16
字数：226千字

定价：88.00元
（如出现印装质量问题，我社图书营销中心负责调换）
版权所有，翻印必究

选编说明

思想政治工作是党的优良传统、鲜明特色和突出政治优势，是一切工作的生命线。习近平总书记在党的二十大报告中强调，推进文化自信自强，铸就社会主义文化新辉煌，要用社会主义核心价值观铸魂育人，完善思想政治工作体系，为加强和改进新时代中国石油思想政治工作指明了前进方向，提供了根本遵循。

党的十八大以来，特别是近年来，在集团公司党组的正确领导下，各单位宣传思想文化部门和思想政治工作研究会坚持以习近平新时代中国特色社会主义思想为指导，深入学习贯彻习近平总书记关于思想政治工作的重要论述，认真贯彻落实《中共中央、国务院关于新时代加强和改进思想政治工作的意见》精神，按照集团公司党组《关于新时代加强和改进思想改进思想政治工作的实施意见》和集团公司2022年工作会议、党建工作会议精神要求，紧紧围绕集团公司发展战略、中心任务和企业改革发展、党的建设各项工作，守好"生命线"，用好"传家宝"，主动承担举旗帜、聚民心、育新人、兴文化、展形象的使命任务，把思想政治工作研究作为企业党组织的一项经常性、基础性工作来抓，在搭建党建思想政治工作引领企业高质量发展的学习交流平台、协同创新平台、服务支撑平台上深耕细作、持续发力，全力推动党建思想政治工作融入企业治理体系和治理能力现代化，持续构建思想政治工作大格局，努力形成一批优秀研究成果，进一步释放企业各级党组织内生活力与整体动能，为推动高质量发展提供参考依据。

2022年度，集团公司政研会共收到各单位党委推荐的研究成果177份（篇），经评审评选出优秀研究成果一等奖18篇、二等奖35篇、三等奖53篇，课题研究优秀组织单位10家。这些成果植根丰厚实践土壤，聚焦谋发展、促党建，直面企业改革发展的现实和理论问题，在国有企业党建、思想政治工作、企业文化、品牌建设、人才培养等方面进行了有益探索实践，具有较强的时代性、针对性、创新性和示范性，发挥了良好的研究价值和引领作用。

为推动优秀研究成果转化，我们将18篇一等奖优秀研究成果编辑出版，以资为政研工作高质量开展提供借鉴。本书编写过程中存在的不足之处，欢迎批评指正！

中国石油党建思想政治工作研究会
2023年7月

目 录

- 把思想政治工作作为国有企业治理的重要方式研究……………… 1
  大庆油田公司

- 文化引领企业高质量发展实践研究………………………………… 15
  辽河油田公司

- 新时代视野下的石油企业思想政治工作创新研究………………… 28
  长庆油田公司

- 党委意识形态工作责任制落实落地研究…………………………… 44
  新疆油田公司

- 党委理论学习中心组专题研讨"五个一"机制实践研究………… 59
  华北油田公司

- 深入开展主题教育活动　推动世界一流企业建设实践研究……… 69
  渤海钻探公司

- "一带一路"倡议下世界一流企业品牌形象构建………………… 80
  东方物探公司

- 炼化企业疫情防控期间员工人文关怀实践研究…………………… 95
  吉林石化公司

- 深入学习贯彻习近平总书记重要指示批示精神实践研究………… 111
  兰州石化公司

- 企业文化融合的探索与实践………………………………………… 127
  独山子石化公司

- 加强新时代先进石油文化建设　发挥文化引领作用实践与研究…… 141
  华北石化公司

- 推动新发展理念在石油销售企业贯彻落实的实践路径研究………… 151
  河北销售公司

- 弘扬伟大延安精神实践研究………………………………………… 162
  陕西销售公司

- 新时代国有企业新闻媒体深度融合的实践与思考………………… 177
  管道局工程公司

- 用好红色资源　传承红色基因　助力高质量发展研究……………… 187
  宝鸡钢管公司

- 世界一流企业全球传播话语体系及
  中国企业对外话语体系构建的实践研究…………………………… 197
  经济技术研究院

- 高质量党建引领"双一流"建设研究………………………………… 212
  北京石油管理干部学院

- 实施文化引领战略举措　建设"四气"营销文化的探索实践……… 223
  天然气销售公司

- 附录　关于公布中国石油2022年度思想政治工作优秀研究成果和
  优秀组织单位的通知………………………………………………… 238

把思想政治工作作为国有企业治理的重要方式研究

大庆油田公司

思想政治工作是经济工作和其他一切工作的生命线。党的十八大以来,以习近平同志为核心的党中央高度重视思想政治工作,采取一系列重大举措切实加以推进,思想政治工作有效发挥了统一思想、凝聚共识、鼓舞斗志、团结奋斗的重要作用。中共中央、国务院《关于新时代加强和改进思想政治工作的意见》,创造性地提出把思想政治工作作为治党治国的重要方式,标志着党对思想政治工作的运用进入了一个新阶段。思想是行动的先导和动力,人无论做任何事情,都是先有思想、后有行动。因此,把思想政治工作作为企业治理的重要方式,是企业改革发展稳定和职工主体性发挥的内在要求,有助于国有企业强根铸魂,深刻领悟"两个确立"的决定性意义,增强"四个意识"、坚定"四个自信"、做到"两个维护",不断提高广大党员干部政治判断力、政治领悟力、政治执行力,确保国有企业始终牢牢掌握在党的手中,始终沿着正确的政治方向发展壮大,始终成为党和人民最可信赖的一支依靠力量。同时,将党的政治优势转化为发展优势,对新时代提升思想政治工作水平,把习近平新时代中国特色社会主义思想贯彻到企业改革发展的各项事业当中,推进国有企业治理体系和治理能力现代化具有重要意义。

一、国有企业思想政治工作融入企业治理的重要性

（一）从政治维度看：国有企业的政治属性决定了需要把思想政治工作作为企业治理的重要方式

一是坚持和完善党对国有企业的领导这一重大政治原则的需要。将思想政治工作作为企业治理的重要方式，就是把思想政治工作贯穿国有企业党的建设始终，在制度和机制上落实党中央的制度规定，完善党的领导融入公司治理结构，解决新时代党的建设难题，全面提高党的建设科学化水平。

二是建立中国特色现代国有企业制度的需要。将思想政治工作作为国有企业治理的重要方式，就是要认真贯彻落实党中央、国务院战略决策，按照"四个全面"战略布局的要求，以经济建设为中心，坚持问题导向，继续推进国有企业改革，切实破除体制机制障碍，形成更加符合我国基本经济制度和社会主义市场经济发展要求的具有中国特色的现代国有企业。

三是确保党和国家的方针政策贯彻落实的需要。把思想政治工作作为企业治理的重要方式，就是把党的领导贯彻到企业治理的全过程和各方面，让国有企业广大干部职工更深入全面地认识理解党和国家的方针政策，提高贯彻落实的主动性，确保党中央决策部署有效落实到统筹推进"五位一体"总体布局、协调推进"四个全面"战略布局各方面。

（二）从理论维度看：马克思主义意识形态理论为把思想政治工作作为企业治理的重要方式提供了理论依据

一是发展社会主义意识形态的内在要求。把思想政治工作作为企业治理的重要方式，有助于国有企业坚持工人阶级的领导地位，实现好、维护好、发展好最广大人民的根本利益。

二是巩固意识形态重要地位的必然要求。把思想政治工作作为企业治理的重要方式，就是巩固发展马克思主义在意识形态领域的领导权和话语权，牢固树立中国特色社会主义道路自信、理论自信、制度自信、文化自信，充

分发挥思想政治工作对经济建设的促进作用。

三是践行"理论一经掌握群众，也会变为物质力量"这一历史规律的客观要求。通过思想政治工作，把马克思主义理论的真理力量和人民群众的实践力量结合起来，推动我国经济发展实现由高速增长向高质量增长的转变，同时也彰显马克思主义的真理性力量，为社会主义意识形态注入生机活力。

（三）从经济发展维度看：国有企业贯彻群众路线，依靠职工群众办企业的方针决定了需要思想政治工作的引领和助力

一是思想政治工作是激发职工工作主动性，促进职工高标准完成工作任务的重要举措。通过思想政治工作，凝聚职工思想共识，使职工产生对企业一种归属感，真正做到以企业为家，处处为企业着想，自觉修正个人行为，维护企业的声誉，充分发挥职工的主观能动作用，激发全体职工的潜能。

二是思想政治工作是提高职工主人翁意识，自觉提升能力素质的有力武器。把思想政治工作摆在更加突出位置，可以增强职工责任感和使命感，唤醒劳动者主人翁意识，坚定改革发展信心，拥护党的路线方针政策，将党、国家和企业发展目标变成自身的行为准则和实践指南，有助于锻造一支政治合格、业务过硬的"铁人式"职工队伍。

（四）从文化维度看：国有企业作为滋养社会主义文化的有效阵地决定了需要思想政治工作的引领和助力

一是推进企业文化建设，提升企业软实力的必然要求。通过思想政治工作引领和加强文化建设，促进企业文化充分发挥"凝聚、引领、助力、塑造"的功能，推动企业改革发展，更好凝聚起应对重大挑战、抵御重大风险、克服重大阻力、解决重大矛盾的强大力量。

二是赓续红色基因，传承弘扬党的伟大精神的必然要求。国有企业因党而生、听党指挥，是党一手缔造创建的。历史启示我们，新时代我们要弘扬党的伟大精神，就必须汲取其中宝贵的历史经验，主动加强思想政治工作，

让党的伟大精神在新时代焕发新的光彩。

（五）从社会维度看：国有企业当好"六个力量"的功能定位决定了需要思想政治工作的引领和助力

一是有助于增强国有企业履行社会责任意识。激发企业承担社会责任的自觉性和主动性，当好服务社会、保障民生的排头兵、先锋队。

二是有助于体现国有企业巨大价值。在落实国家战略决策过程中，站在全国一盘棋的视角分析问题，以强烈的责任担当和积极的实践作为体现国有经济的重大价值，彰显国有企业的重要作用。

三是有助于发挥国有企业维护社会稳定作用。把思想政治工作作为企业治理的重要方式，有助于引领企业积极融入构建新发展格局，为我国实现高质量发展、为促进全体人民共同富裕创造更大价值、贡献更大力量。

大庆钻探青年宣讲小分队宣讲现场

二、把思想政治工作作为国有企业治理重要方式面临的形势

（一）思想政治工作与国有企业治理二者的概念及意义

1. 思想政治工作的概念及意义

（1）思想政治工作的概念。思想政治工作是以人为对象，解决人的思想、观点、政治立场问题，提高人们思想觉悟的工作。思想政治工作是党的工作的重要组成部分，是实现党的领导的重要途径和社会主义精神文明建设的重要内容，也是搞好经济工作和其他一切工作的有力保证。

（2）新时代推进思想政治工作的重大意义。历史意义：对于实现中华民族伟大复兴的使命具有重要意义。现实意义：对于推动巩固全党全国各族人民团结奋斗、坚定理想信念、站稳政治立场、抵御各种诱惑具有重要意义。战略意义：对于提高意识形态工作的主动性、掌握主动权、打好主动仗具有重要意义。政治意义：对于在长期执政条件下始终保持党的先进性、纯洁性，解决好世界观、人生观、价值观这个"总开关"具有重要意义。

2. 国有企业治理概念及意义

（1）国有企业治理概念。狭义上讲，国有企业治理是通过一种制度安排，来合理地界定和配置所有者与经营者之间的权利与责任关系。广义的企业治理是指通过一整套包括正式或非正式的、内部的或外部的制度来协调企业与所有利益相关者之间的利益关系，以保证企业决策的科学性、有效性，从而最终维护企业各方面的利益。

（2）新时代推进国有企业治理的重大意义。一是国有企业公司治理是国家治理体系和治理能力现代化的重要组成部分。推进国家治理体系和治理能力现代化建设，必须把完善国有企业公司治理作为重要环节，摆在突出位置。二是国有企业公司治理是把宏观政治体制落实到微观公司治理的有效方式。三是完善国有企业治理是企业健康、稳定、科学运行的保障，能够增强企业竞争力，固化企业独立市场主体地位，增强企业竞争活力。

（二）思想政治工作与国有企业治理二者之间的联系

一方面，把思想政治工作作为国有企业治理的重要方式是国有企业治理现代化的核心要义。当前，国有企业进入改革发展的攻坚阶段，一些深层次矛盾逐渐显现，要解决这些瓶颈问题，确保企业改革顺利推进，就必须充分发挥国有企业思想政治工作对深化改革的引领作用，进一步坚定做好国有企业深化改革的信心和决心。

另一方面，把思想政治工作作为国有企业治理的重要方式是促进国有企业健康发展的有效方式。科学决策上，保障企业将国家宏观战略贯彻落实到企业微观实践之中。选人用人上，培养忠诚干净担当的干部、倡导正向激励鲜明导向。反腐监督上，坚持全面从严治党的要求，树立风清气正企业文化，保障企业健康发展。履行社会责任上，促进企业更加严格执行法律法规，合规经营，更加充分体现服务全体人民、贡献社会发展进步。

（三）思想政治工作与国有企业治理二者互促互融存在的障碍及原因

1. 二者互促互融存在的障碍

一是思想政治工作地位上的边缘化，阻碍了二者互促互融的进行。二是思想政治工作功能上的虚化，制约了二者互促互融的发展。三是思想政治工作内容上的僵化，降低了二者互促互融的水平。

2. 二者互促互融存在障碍的原因

一是对思想政治工作重视不够，认为思想政治工作是务虚，业务工作才是务实的，看得见、摸得着，容易增效益出成绩。二是对思想政治队伍建设关注度不够，绩效考核体系与思想政治工作、企业治理的结合还不够完善。三是思想政治理念创新滞后，不能结合时代变化、企业发展需要和企业职工心理特性创新构建一套系统化、持续化、个性化的企业治理和思想政治工作结合的新模式。四是思想政治工作难度增加，企业的思想政治工作与群众的利益脱节，基于利益驱动不足，思想政治工作的质效降低。

（四）把思想政治工作作为国有企业治理的重要方式面临的机遇

1. 习近平总书记的一系列重要指示批示精神为优化思政工作提供了思想引领

党的十八大以来，以习近平同志为核心的党中央高度重视思想政治工作，中央出台了《关于新时代加强和改进思想政治工作的意见》等一系列相关举措，为新形势下把思想政治工作作为国有企业治理提供了基本遵循，推动国有企业治理不断迈上新台阶。

2. 百年来党的思想政治工作宝贵经验为提升新时代思政工作提供了实践支撑

一百年来，我们党在艰苦奋斗的历程中，形成了重视和加强思想政治工作的优良传统，积累了丰富的思想政治工作经验，提供了大量的理论基础、教育资源，更提供了思想保障和精神引领。

3. 新理念、新方法、新载体为加强新时代思想政治工作提供了有利条件

国内外成功的优秀企业经验、学科的先进成果、先进理念的发展、载体EAP（非互联网）、沉浸式体验（红色剧本杀等）以及各类创客活动，为加强新时代思想政治工作提供了有利条件和创新载体。

4. 国有企业改革发展奋进世界一流对创新新时代思想政治工作提供了内在需求

确保做强做优做大国有企业、确保国企内部管理高效健康，是新时代做好思想政治工作的内在驱动力，能够反向推进国有企业保持社会安定、推动高质量发展、构建新发展格局、实现科技自立自强。

5. 互联网的迅猛发展为改进思想政治工作形式提供了多元途径

网络发展为思想政治工作开辟了新领域、新阵地，使思想政治工作在内容、形式、方法、手段等诸多方面发生了很大的变化，有利于促进提升思想政治传播效能变"单向宣传"为"平等对话"，有利于思政教育工作更好地融入企业治理，实现传播全覆盖。

三、新时代思想政治工作提升企业治理水平的方法与途径

（一）把握好四个辩证关系

1. 总结历史与面向未来的关系

做到思想政治工作一脉相承和与时俱进相统一，适应企业治理的时代需要，促进企业治理水平提升，在继承中创新，不断开辟新路径、寻找新办法、总结新经验。

2. 保持定力与改革发展的关系

做到思想政治工作把握主流、坚守底线、保持基调与改革发展、壮大主流、提升效果相统一，保证企业治理战略方向，促进企业治理水平提升，做到守正创新。

3. 过程控制与结果导向的关系

做到思想政治工作过程控制与结果导向相统一，符合企业治理目标要求，促进企业治理水平提升，推动结果与过程的高度统一，把目标追求和过程把控结合起来，做到春风化雨、润物无声。

4. 对象差异与流程规范的关系

做到思想政治工作"一把钥匙开一把锁"与推进思想政治工作流程化、规范化、标准化相统一，与企业现代管理方式相融合，促进企业治理水平提升。思想政治工作这种内在差异性特点与外在规范性需要，促使在新时代思想政治工作促进企业治理水平提升过程中，应注意协调和处理好对象差异与流程规范的关系。

（二）做到五个突出

1. 思想政治工作必须以习近平新时代中国特色社会主义思想为统领，突出政治性

发挥思想政治工作政治教育作用，切实增强对习近平新时代中国特色社会主义思想的政治认同、思想认同、理论认同、情感认同，把牢政治方向。

2. 思想政治工作必须围绕中心工作融入企业治理格局，突出实效性

坚持思想政治工作服务中心工作，充分将思想政治工作融入企业治理格局中，形成相互促进、有效协同、一体推进的有机统一。

3. 思想政治工作必须契合职工需求夯实企业治理根基，突出群众性

从职工思想实际和心理诉求出发，积极引导职工主动参与企业治理，充分发挥职工智慧和职工民主管理作用，形成良好的群众基础，为提升企业治理水平创造有利的条件和环境。

4. 思想政治工作必须坚持与时俱进提升企业治理效能，突出创新性

适应当代人的人生观、价值观、世界观，遵循现代的信息化手段、内外部环境发展变化的规律，持续推动思想政治工作创新，更加有效地发挥作用，促进企业治理水平的提升。

5. 思想政治工作必须注重潜移默化改善企业治理氛围，突出浸润性

保持思想政治工作的浸润和渗透性，在潜移默化中感染人、影响人、带动人、塑造人，增强职工对企业管理制度、管理机制、管理方式的自觉接纳与支持，促进提升企业治理水平的举措更加有效、更加持久地发挥作用。

（三）实施六项措施

1. 发挥思想政治工作理论武装作用，坚定主心骨定盘星根基，把牢企业治理战略方向

一是要把深入学习贯彻习近平新时代中国特色社会主义思想作为国有企业思想政治首要任务，贯穿始终。二是要把党的基本路线作为国有企业思想政治工作的方向保证。三是要对照企业治理战略方向及时调整思想政治工作理论学习内容和方式方法。

2. 加强思想政治工作制度机制建设，提升科学化规范化水平，适应企业治理管理体系

一是健全思想政治工作制度，一方面要根据实际具体情况对思政工作内容进行创新，另一方面要为职工树立思政工作制度化管理的思维理念。二是完善思想政治工作机制，尽可能客观评价国有企业思想政治工作的绩效。三是规范思想政治工作流程，使思想政治工作流程进一步规范化科学化。四是固化思想政治工作方法。五是提炼思想政治工作经验，通过长期实践总结，把能够行之有效的工作方法归纳成可推广、可复制的经验，将繁杂的制度压缩成具有强大号召力的行为准则。以大庆油田为例，在六十多年的开发实践过程中，通过传承"两论"起家、"两分法"前进的历史基因，逐渐形成了"三老四严""四个一样"等优良作风，以此为基础形成一整套科学管理制度和方法，保证了油田开发建设的顺利实施。

3. 推动思想政治工作融入管理实践，增强渗透力协同性效果，强化企业治理思想支撑

一是要紧紧围绕着企业任务来开展，及时把企业取得的丰硕成果作为宣传重点，通过说成就、讲形势、布任务，用国有企业发展的成绩前景鼓舞干部职工，不断激发他们立足本职、胸怀全局、努力奋斗的工作热情。二是要紧紧围绕着人的发展来开展，从职工的需求入手，将思想政治教育植入职工普遍关心的热点需求、热点话题当中，配合人事管理等工作，将有关思想教育内容与人事沟通、人事激励有效结合起来，塑造以人为本的思想教育理念。

4. 促进思想政治工作方法手段创新，把握时代感实效性特征，提高企业治理效率质量

一是形式载体要做到优化结合，坚持传统载体与新媒体新技术相结合，开辟网络思想政治工作新媒体阵地。二是话语体系要敢于守正创新，学会运用具有时代特征的、易于受众接受的话语体系。三是方法手段要坚持与时俱进,一方面鼓励职工善于运用"网言网语",另一方面也要建立网络舆情监督机制和队伍,牢牢掌握互联网领导权、管理权和话语权。

5. 加快思想政治工作各方力量整合,构建联动性大格局体系,提升企业治理协同效果

一是在思路理念组织模式要构建国企"大思政"工作格局,企业思想政治工作组织推进上,要同生产经营管理、企业文化培育、人才队伍建设、国企党的建设等工作结合起来,使职工在组织上解难、思想上解惑、精神上解忧、文化上解渴、心理上解压。二是在工作考核上要纳入落实全面从严治党主体责任情况监督检查和巡视巡察内容,纳入企业领导班子、领导干部综合考核评价内容,使思想工作的"软约束"成为业绩考核的"硬指标"。

6. 注重思想政治工作人才队伍培养,建设专业化高素质队伍,壮大企业治理保障力量

一是配齐配强思想政治干部,为思想政治工作注入新鲜血液,保持其活力,同时要合理运用末位淘汰机制,促进国有企业思想政治人员自我提升的内在驱动力。二是健全完善激励机制,深化思想政治工作人员职称评聘制度改革,做好奖励安排,表彰奖励先进集体和先进个人,关心爱护基层思想政治干部,创造有利于队伍稳定发展的良好环境。三是抓严抓实业务培训:紧抓政治理论培训,让最新政策、思想入耳入脑入心;紧抓核心业务强化,了解最新思想政治工作办法、前沿思想政治工作手段、优化思想政治知识体系;紧抓信息技术培训,借助新媒体、互联网等信息化渠道推进思想政治工作。2013年以来,大庆油田举办7期青年思想政治工作人才培训班,累计培养思想政治工作专业人才近400余人,为企业提升思想政治工作水平提供了人才保障。

四、把思想政治工作作为国有企业治理重要方式研究的经验启示

（一）国有企业治理依托思想政治工作加强党的领导，提升和完善党的执政能力

国有企业自诞生那一天起，就是党的企业、人民的企业。国有企业姓党，是建企之基、发展之本、力量之源。国有企业必须始终把人民立场作为根本立场，统筹好政治效益和经济效益；始终站在政治的高度认识和思考问题，铸牢国有企业的"根"和"魂"；始终自觉服从大局、主动服务大局、有机融入大局，在服务国家重大战略、服务"六稳""六保"任务等方面，主动扛起责任，推动工作落实；始终做到听党话、跟党走，不断从党的历史中传承红色基因，汲取前进力量。

（二）国有企业治理依托思想政治工作升级社会主义生产关系，发展和巩固社会主义市场经济

国有企业从诞生开始，其成长、发展、壮大的各个阶段都离不开思想政治工作的助力支撑。特别是社会主义市场经济的成长建设，国有企业充分利用思想政治工作，落实党和国家大政方针、统一职工思想认识、摒弃社会多元思想干扰，把企业力量集中在社会主义经济建设上，建立健全社会主义生产关系，发展和巩固了社会主义市场经济。

（三）国有企业治理依托思想政治工作推动国有企业深化改革，推动和促进国有企业发挥行业稳定性作用

对于国有企业来说，改革发展是长期、长效的工作，对于贯彻落实党中央要求、巩固落实社会主义经济以及企业自身的长远发展意义重大。新中国成立以来，国有企业从建立到发展，紧跟国家形势，特别是在短时间里，发展较快，由此引发的矛盾性问题和遗留问题，关乎稳定大局，处理不好，就

有可能制约发展。处理和消化这些矛盾问题，国有企业就要灵活运用思想政治工作，作用于人的思想和认识，提高全员对改革发展必要性、紧迫性的认识，最终实现国有企业的战略发展。

（四）国有企业治理依托思想政治工作明确企业治理主体，贯彻和落实党的经济政策方针

随着改革开放和社会主义现代化建设的不断发展，国有企业管理体制和经营机制发生了深刻变化，先后经历了扩大企业自主权、承包经营、转换经营机制等改革，国有企业党组织在企业中的地位由领导核心向监督保障再到政治核心的演变，推动了国有企业党的领导开始更多地科学运用思想政治工作，来履行"对党和国家的方针政策在本单位的贯彻执行实行保障监督"的职责。

（五）国有企业治理依托思想政治工作深化理论研究，建立和丰富企业思想政治工作实践成果

在新中国成立发展的各个阶段，思想政治工作始终联通国家与人民，在实际运用和实践中，不断深化理论研究。党的十八大以来，国有企业思想政治工作与国家发展联系更为紧密，社会主义核心价值观、中国梦等社会主义核心价值体系深入人心，民族自尊和文化自信不断增强，国有企业党的建设不断完善，充分发挥"六个力量"铸根塑魂，是国有企业思想政治工作的实践成果。

（六）国有企业治理依托思想政治工作不断回答时代问卷，在发展和实践过程中凸显鲜明的时代特性

国有企业思想政治工作是国有企业与国家发展之间的重要纽带。国有企业通过思想政治工作实现落实政策、深化改革、凝聚人心等发展目标，履行社会责任和政治责任，使国有企业充分发挥重要行业的主导地位。当前，在习近平新时代中国特色社会主义思想指引下，国有企业思想政治工作必须担

起四个责任，即保证国家政策方针有效落实、企业深化改革稳健发展、企业职工凝心聚力、社会责任勇于担当。只有落实好这四个责任，才能发挥独有的政治优势，夯实社会主义建设物质基础、国民经济支柱的重要作用，奏响发展强音。

（七）国有企业治理依托思想政治工作提升职工综合素质，培育和锻炼出一支技能过硬，忠心向党的产业工人群体

政治优势是国有企业独有的优势，思想政治工作是发挥这一优势的有力抓手。思想政治工作最重要的目标就是激发被教育对象干事创业的激情与能量。国有企业思想政治工作一直以来，持续加强宣传教育，注重典型选树、模范引领，为"工匠精神"的唤醒发展提供了良好的土壤，在行动上思想上团结广大职工，不断为党和国家输出优秀的人才队伍、积淀产业工人群体，培育了一批各行业、各领域的大国工匠队伍，投入到为企业改革发展、国家富强、民族复兴的伟大事业中去，为实现"深入实施制造强国"战略部署提供有力支撑。

（主研人：辛伟强　任玉昌　白　勇　王　冰　程传文　穆　冬）

文化引领企业高质量发展实践研究

辽河油田公司

党的十八大以来,习近平总书记对社会主义文化建设作出一系列重要论述和部署,为进一步增强文化自觉,坚定文化自信,推进社会主义文化强国建设,实现中华民族伟大复兴中国梦提供了根本遵循,指明了前进方向,凝聚了强大力量。

对于企业而言,没有高度文化自信、没有强大精神力量就没有高质量发展。中国石油积极探索新时代加强石油先进文化建设、持续推进文化引领战略举措落地落实落细的实践路径,将石油先进文化融入员工常态化思想政治教育,融入企业治理体系和治理能力建设,切实发挥文化的功能作用,全力开创世界一流企业建设和高质量发展新局面。

一、文化引领企业高质量发展的探索实践

中国石油持续深化对文化强国、文化发展规划等目标要求的系统把握,传承弘扬中华优秀传统文化,学习实践现代企业先进管理思想,锚定"建设基业长青世界一流企业"战略目标,确定文化引领战略举措,制定《文化引领专项工作方案》,将企业文化建设与企业管理、公司治理深度融合,将精

神文化引导与员工自我发展深度融合，将红色基因赓续与石油先进文化创新深度融合，以文化高质量引领企业发展高质量。

（一）充分发挥文化的凝聚作用，为企业高质量发展持续注入价值引导力

企业文化是以价值观为核心的意识形态，先进的企业文化犹如特殊的"黏合剂"和精神纽带，形成伊始就建立了系统规范的价值标准，使全体干部员工能够持续认同企业发展愿景、价值追求等理念价值体系。中国石油从打造共同的思想基础、价值取向和行为准则出发，致力培育先进的石油文化，汇聚强大的凝聚力和向心力，引导全员为实现企业目标任务步调一致、踔厉奋发。

1. 强化愿景目标认同

在国际能源危机、逆全球化加剧的背景下，中国石油贯彻落实习近平总书记关于"能源的饭碗必须端在自己手里"和"建设能源强国"等重要指示批示精神，持续引导干部员工主动将个人发展目标、个人职业追求融入"绿色发展、奉献能源，为客户成长增动力，为人民幸福赋新能"的企业价值追求，与企业同心同德、同向同力。长庆油田作为我国最大的油气田，以"磨刀石"精神凝聚干部员工的思想和行动，自觉认同油田使命愿景和价值理念，全力打造6000万吨级"西部大庆"。

2. 强化发展战略认同

将"创新、资源、市场、国际化、绿色低碳"作为五大发展战略，明确"四个坚持"兴企方略和"四化"治企准则，多层次、多角度开展主题宣讲和岗位实践活动，持续夯实三个"一亿吨"发展基础。辽河油田聚焦"加油增气"目标，以观念转变助推千万吨油田稳产、百亿方气库建设、外围区效益上产"三篇文章"落地落实。

3. 强化石油精神认同

中国石油将弘扬石油精神和大庆精神铁人精神作为神圣使命无限责任，

持续深化"形势、目标、任务、责任"主题教育，举办"石油精神"论坛，打造"石油魂"宣讲时代版，开展"铁人身边学铁人、赓续精神做传人"岗位实践等系列活动，引导全员争做石油精神和大庆精神铁人精神的实践者、传承者，涌现出摘取高铁润滑油皇冠明珠的"全国优秀共产党员"伏喜胜、奉献雪域高原的全国"最美支边人"梁楠郁等一大批先进典型，丰富壮大了"石油英模谱"。大庆油田1205钻井队发挥铁人精神发源地优势，倾力抓实抓细思想引领、红色资源、标杆示范"三大课堂"，着力锻造新时代铁人式队伍。

（二）充分发挥文化的导向作用，为企业高质量发展持续注入管理提升力

先进企业文化如同无形的指挥棒，通过价值导向和行为导向，使干部员工心往一处想、劲往一处使、事往一起干，自觉将企业价值观、文化理念、目标要求等，融入职业行为习惯中，推动企业经营管理各项工作提质增效。中国石油将精益管理上升为战略管理理念，树牢"从严管理出效益，精细管理出大效益，精益管理出更大效益"思想，把止于至善作为管理提升的终极目标，切实将工作重心从量的增长延展到质量提升、效益增长、效率提高和效能改善。

1. 突出价值创造导向

持续强化"今天的投资就是明天的成本""事前算赢""过紧日子""一切成本均可降""企业不消灭亏损、亏损终将消灭企业"等观念，着力推进提质增效、亏损治理和低成本发展，推动公司由生产型向经营型转变。销售企业借鉴创新"阿米巴"经营模式，突出人均劳动效率、吨油利润、吨油费用等关键要素，不断提升企业盈利能力。

2. 突出"四精"管理理念

深入推进对标世界一流管理提升行动，突出经营上精打细算、生产上精耕细作、管理上精雕细刻、技术上精益求精的"四精"要求，以提质增效

"升级换档",推动高质量发展。油气田企业突出"四保""三提""两严控",研究制定八个方面 38 项具体措施;销售企业向市场营销、运行优化、精益管理、创新服务要效益。

3. 突出精益管理意识

引导全员追求"工作高质量、一次就做好",切实把精益管理导向转变为员工行为习惯和自觉要求。辽阳石化公司秉承"七尺布"等精神传统,将企业文化融入"全员、全过程、全方位"精益管理各环节。大连石化公司扎实推进"优良日"、制度"双循环"等管理举措,稳步做好综合管理体系审核等精益性基础工作,对标管理水平不断提高。

(三)充分发挥文化的养成作用,为企业高质量发展持续注入合规管控力

先进的企业文化能够增强全员法治思维、合规理念和契约精神,让员工养成敬畏法律法规,依法合规治企的行为习惯,从而将合规要求牢记于心,切实筑牢行为底线和道德信念。中国石油认真落实党中央、国务院关于加快建设世界一流企业、深化法治企业建设等部署要求,把依法合规治企列为公司"四大兴企方略"之一,持续推进公司治理体系和治理能力现代化建设。

1. 坚持依法合规治企理念

把解放思想、转变观念作为坚持依法合规治企和强化管理的首要任务,以更大的决心、更坚定的态度、更强烈的紧迫感,把企业的一切行为纳入法治轨道,崇尚完美、追求卓越,生产更优质的产品,注入更完善的服务,塑造诚信稳健负责任的企业形象。塔里木油田开展答题竞赛等活动,持续推动经营理念由"要我合规"向"我要合规"转变,重程序讲规范的法治文化深入人心。

2. 坚持深化改革创新理念

把深化改革作为推动公司高质量发展的"关键一招",突出价值型总部建设,使公司治理与中国国情更加契合、与市场经济更加融合,在集团公司总部、专业公司和企业职能定位更加明确的同时,总部部门减少 25%、处室

压减 20%、人员精简 10%。上游业务围绕"油公司"模式，新型采油气管理区作业区创建到位率达 60% 以上；炼化企业积极推进业务归核化和机构扁平化，退出低端低效业务 42 项。

3. 坚持树牢风险防范意识

持续强化忧患意识、风险意识、系统观念，从根本上杜绝重生产轻管理、只管不理、失察失管等现象，全面提升依法合规治企能力和管理的科学化、规范化、法治化水平。各业务板块深刻理解"没有安全一切归零"的内涵，坚持严管理、细落实，着力构建"大安全"格局。昆仑银行聚焦重点风险领域、重点业务，严格落实主体责任，做好风险专项跟踪，及时制定化解方案，严防损失发生。

（四）充分发挥文化的激励作用，为企业高质量发展持续注入人才推动力

企业文化是一种精神激励，先进的企业文化能够形成和谐融洽的工作环境和进取向上的文化氛围，在实现员工成长成才的同时，持续激发干事创业的积极性、主动性和创造性。中国石油深入贯彻落实中央人才工作会议精神和新时代人才强国战略，坚持人才引领发展战略定位，健全完善人才培养、引进、激励、使用等体制机制，持续夯实企业高质量发展的人才基础。

1. 优化选育并重培养人才理念

树立"生才有道、聚才有力、理才有方、用才有效"的人才发展理念，强化"德才兼备、以德为先、五湖四海、任人唯贤"的鲜明选育导向，大力推进领导人员能力素质提升、科技领军人才培养、"石油名匠"培育、青年科技人才接替等重点人才培养计划。油气田企业坚持以新能源新材料新事业布局，建立健全满足业务转型发展需要的动态调整机制，柔性汇聚"高端紧缺"人才。

2. 优化互补交流配置人才理念

注重抓牢"第一资源"，不断强化"第一动力"，拓宽引进交流平台，突出人尽其才、才尽其用原则，不断优化人才资源配置效率，持续加大人才

交流、招才引智、流动配置、技术共享力度，促进人力资源最优化、配置效率最大化。中油国际积极推动国际化职业经理人选聘，试点职业经理人制度，构建以"全过程、全球化、全维度"为核心的"三全培训体系"。中油国际管道制定"丝路国脉人才强企工程行动方案"，探索 3E 人力资源价值评价与提升管理体系，推进从"精细评价"到"管理改进"再到"价值提升"的闭环管理。

3. 优化实用提升人才价值理念

将"全方位用好人才"作为根本任务，牢固树立"以用为本"的人才使用观，在难题攻关、成果推广和创新实践中，依靠人才攻坚破难，提升企业发展质量和经济效益。新疆油田以深化专业技术序列改革为重要抓手，畅通"红工衣白大褂"协作机制，解决技术难题 116 个，累计创效 2500 余万元，实现人才使用效能和生产效益"双提升"。

（五）充分发挥文化的驱动作用，为企业高质量发展持续注入绿色创新力

先进的企业文化能够引导企业员工切实将绿色低碳理念贯穿决策规划、项目实施、监督管理、员工教育、岗位操作等全过程，不断促进企业激活发展动能，提升发展品质，优化能源结构转型升级。中国石油深入贯彻落实习近平生态文明思想，积极践行"绿水青山就是金山银山"理念，将"绿色低碳"纳入公司五大发展战略，积极打造"双碳"目标与保障能源安全的中坚力量。

1. 战略思维谋划绿色低碳发展

中国石油深刻把握全球气候治理政策法律对油气行业绿色低碳发展的倒逼压力，明确"清洁替代、战略接替、绿色转型"三步走总体部署，制定时间表、路线图、施工图，实施"绿色企业建设引领者行动""清洁能源贡献者行动""碳循环经济先行者行动"等三大行动和节能降碳等十大工程，将新能源业务放到与油气业务同等重要的位置，力争在 2025 年左右实现碳达峰，2035 年外供绿色零碳能源超过自身消耗的化石能源，2050 年左右实现

"近零"排放。2021年,中国石油二氧化碳排放强度和甲烷排放强度继续实现同比下降,获"年度碳中和典范企业"奖,也是五家获奖企业中唯一的能源央企。

2. 理念创新推动绿色低碳发展

中国石油深刻把握和解决好减排与发展、局部与整体、短期与中长期的关系,牢固树立"节能是第一能源""节能就是增产、节约就是增效"理念,大力弘扬绿色低碳、勤俭节约之风,变"要我节能"为"我要节能"。加快从"资源制胜"向"技术制胜"转变,中国石油自主研发的绿氢"点燃"北京2022年冬奥火炬,这也是冬奥近百年历史上首支以绿氢作为燃料的火炬,见证了绿色低碳转型的创新路径。

3. 科技驱动助力绿色低碳发展

中国石油紧紧围绕国家能源安全重大科技需求,将科技创新作为实现高质量发展最核心、最可持续的驱动力,加快向"油气热电氢"综合能源供应商转变,勇当推动能源转型和双碳目标实现的"主力军"。加大对基础超前、跨越式技术研究,获国务院国资委首批打造"陆上油气资源勘探开发""化工新材料"两个原创技术策源地,迪拜研究院等3个研究机构相继挂牌。辽河油田面对近年来稠油开发对象越来越复杂、绿色低碳排放要求越来越严等难题,加快"绿色低碳613工程"实施步伐,切实肩负起实现稠油技术高水平科技自立自强的重大使命。

辽河油田锚定加油增气目标,加快储气库群建设

（六）充分发挥文化的辐射作用，为企业高质量发展持续注入市场营销力

先进的企业文化经过长期的培育完善，能够以较为固定的模式，通过传播媒体、营销活动等各种渠道，对社会产生多重辐射，切实提升企业公众形象和品牌美誉度。中国石油准确把握市场竞争新格局新特点，将企业文化与市场营销统一于企业发展之中，树牢"市场导向、客户至上，以销定产、以产促销，一体协同、竞合共赢"的营销理念，抓好保障产业链顺畅运行、实现产品增值、提升企业价值这一关键环节。

1. 提升服务营销意识

中国石油密切跟踪国内外宏观政策调整、行业发展态势、市场需求变化、油气及产品与服务等价格走势，树立"与客户共同创造价值""服务就是竞争力"等观念，强化市场研判，突出扩销上量、量效齐增，持续提升市场引领、市场营销、产品销售和价值创造"四种能力"，全力打好市场攻坚战增效战，把"宝石花"培育成更具信任度、美誉度、影响力的名优品牌。广西销售围绕"人·车·生活"多元化需求，深化昆仑好客 KOS 运营体系应用，牵手异业营销联盟，实行加油站"造节营销"，核心品类商品收入同比增幅39%。

2. 提升市场竞争意识

坚决克服"市场与我无关""等靠要"和"坐商"等消极心态，持续优化调整市场布局，因"市"而谋，因"市"而变，进一步强化市场意识、效益意识、竞争意识、服务意识。销售企业建成数据资产和指标体系，加快数字化转型，推进实施数字化货币。炼化企业全面推行"产品经理制＋客户经理制"，实施"管销"分离、分工协作的业务模式，实现由点面管理向产品线整体管控转变。

（七）充分发挥文化的培元作用，为企业高质量发展持续注入全员执行力

先进的企业文化能够固本培元、启智润心，让员工完成从思想意识到行

为习惯的转换,并在不断提升能力素养的过程中,增强人人讲执行、事事讲执行、时时讲执行的意识,以钉钉子精神圆满完成各项任务。中国石油大力推进基层党建"三基本"建设与"三基"工作有机融合,持续提升全员能力素养,打通企业生产经营管理流程的"最后一公里",保证发展战略目标靠实落地。

1. 突出严实标准重执行

深刻认识"没有躺平等来的辉煌,只有奋斗拼来的精彩",自觉树立"朝受命、夕饮冰"的事业心、"昼无为、夜难寐"的责任感,牢记"抓而不紧等于不抓""抓而不实等于白抓",坚持"干"字当头、事不避难、力戒浮华,摸实情、出实招、干实事、求实效。大庆油田全力抓好高质量原油稳产、弘扬严实作风、发展接续力量"三件大事",实行"一体化"专班推进、"差异化"突出重点、"个性化"分类组织、"项目化"节点管理,向稳油增气目标持续发力。

2. 发扬斗争精神强执行

增强斗争意识,发扬斗争精神,提高斗争本领,始终保持狭路相逢勇者胜、越是艰险越向前的英雄气概,在推进重大任务中勇挑最重的担子、在深化改革中敢啃最硬的骨头、在处理棘手问题时敢接最烫手的山芋,始终做到难不住、压不垮。西南油气田公司传承"听从号令、行动迅速、战斗有力"优秀基因,以提升天然气产业价值链信息技术竞争能力为己任,全面推进国际领先的智能化油气田建设。

3. 创新基层文化促执行

尊重基层首创精神,激发基层创新活力,将增强文化认同、推动文化引领与基层管理实践有效融合,探索提升企业管理效能和员工主观能动性的重要途径,打造根植员工的车间、班组文化。兰州石化公司推进企业文化实践创新和基层文化示范创建活动向纵深发展,以文化引领促进干部员工思想观念和行为方式转变,培育出近30个基层车间(区域)文化示范点。

（八）充分发挥文化的约束作用，为企业高质量发展持续注入清廉生产力

廉洁文化作为先进的文化形态，具有教育、约束、监督等作用，能够持续通过制度规范和警示教育，培养员工的廉洁自律意识和职业道德操守，在潜移默化的文化熏陶中，实现外部约束与自我约束的有机统一，筑牢拒腐防变的思想道德防线。中国石油认真落实党中央《关于加强新时代廉洁文化建设的意见》要求，牢固树立"秉公用权、廉洁从业"理念，一体推进不敢腐、不能腐、不想腐，持续涵养风清气正、崇廉拒腐的良好政治生态。

1. 自觉传承党的廉洁基因

坚持从中华优秀传统文化中汲取崇德尚廉、持廉守正等思想精华，从中国共产党人廉洁为民的事迹中自省自励，从"要求群众不做的领导坚决不做"等石油优良传统作风中坚守风清气正的不变追求，大力涵养许党许国、报党报国的情怀。渤海钻探公司紧紧围绕强化"不想腐"的自觉，坚持谈廉政建设、讲廉洁案例、做廉洁课件、拍廉洁视频、吹廉政家风、建廉洁阵地"六廉并举"，增强廉洁文化辐射力、感召力和持久力。

2. 夯实清正廉洁思想根基

充分发挥全面从严治党战略方针的政治引领、政治监督和保驾护航作用，以理论上的坚定保证行动上的坚定，以思想上的清醒保证用权上的清醒，把政德教育贯穿党内政治生活，将廉洁要求贯穿日常教育管理监督，修好对党忠诚的大德、造福人民的公德、严于律己的品德。广西石化公司坚持"忠告早提、警钟早敲"，把任前廉政谈话作为新提拔任用党员领导干部履职前的必修课，及时种好"政治疫苗"，做好"政治保养"，督促新提任领导干部扣好廉洁从业"第一粒扣子"。

3. 发挥廉洁教育基础作用

强化形势教育、法纪意识、警示震慑和示范引领，突出以案说德、以案说纪、以案说法、以案说责，用身边事教育身边人，切实做到心有所畏、言有所戒、行有所止。抚顺石化公司充分运用正反典型"双面镜"，强化正面

典型的示范引领和反面典型的警示震慑作用，健全警示教育制度，让党员干部学有榜样、行有示范、赶有目标。

二、文化引领企业高质量发展实践存在的问题

（一）文化引领高质量发展的思想认识不到位

部分企业没有深刻领会"推进文化自信自强，铸就社会主义文化新辉煌"的时代要求，没有站在"举旗帜、聚民心、育新人、兴文化、展形象"的思想高度，充分认识文化引领战略举措对企业高质量发展的重要意义。特别是集团公司新版《企业文化手册》发布一年多来，部分企业重视程度不够，宣贯不到位，新旧文化价值理念并存，导致员工无法真正认同石油先进文化。

（二）文化引领高质量发展的内涵把握不准确

部分企业没有充分发挥社会主义核心价值观的引领作用，把打造先进企业文化作为推进企业高质量发展的重要途径，没有站在对员工负责、对企业负责、对党和国家负责的高度，实现文化的创造性转化、创新性发展，导致文化无法真正落地落实，文化软实力和影响力没有转化为推动高质量发展的不竭动力。

（三）文化引领对企业发展战略支撑不明显

部分企业没有认识到文化引领战略举措是企业发展战略的重要组成部分。当企业战略规划发生重大调整时，企业文化建设没有与时俱进，并进行延展与创新，形成与发展战略相匹配的文化引领思路和举措，导致文化引领与企业战略无法同频共振、相生共促，一定程度上阻碍了企业高质量发展。

（四）文化引领与企业经营管理融合不紧密

部分企业没有真正发挥文化引领的凝聚、导向、辐射等功能作用，将文

化价值理念紧密融入企业生产经营管理的全时空、全方位、全过程，还只停留在形式上口头上，在理念宣贯、行为养成、环境塑造、管理推进上，没有真正落实到每名员工每个岗位，导致员工参与度不高，存在文化与管理"两层皮"现象。

三、文化引领企业高质量发展实践的思考与建议

（一）坚持思想导向，是文化引领企业高质量发展的根本遵循

文化引领企业高质量发展，必须始终用习近平新时代中国特色社会主义思想凝心铸魂，把以习近平同志为核心的党中央对社会主义文化建设的战略部署，以及对中国石油和中国石油相关工作的重要指示批示精神作为新时代石油文化建设的根本遵循，突出企业文化的政治性、先进性和群众性，始终保持文化引领的正确方向，切实将政治优势、文化优势转化为竞争优势、发展优势。

（二）坚持价值导向，是文化引领企业高质量发展的重要内核

文化引领企业高质量发展，必须始终将社会主义核心价值观作为新时代石油先进文化建设的内核，加强党对新时代石油先进文化建设和文化引领工作的全面领导，充分彰显文化自信、文化自觉和价值观自信，模范践行爱国、敬业、诚信、友善等要求，引导全体干部员工始终牢记中国石油是党的中国石油、国家的中国石油、人民的中国石油，一切工作、一切奋斗都要为党为国为人民，坚持旗帜鲜明讲政治，擦亮"我为祖国献石油"的鲜亮底色。

（三）坚持战略导向，是文化引领企业高质量发展的关键所在

文化引领企业高质量发展，必须积极顺应新时代要求，准确把握时代文化脉搏，结合国际形势、国内环境以及公司发展变化，围绕做永续发展和广

受尊敬的"基业长青"企业，确立符合企业实际的目标愿景和价值追求，突出以文弘业、以文培元、以文立心、以文铸魂，并上升到公司战略全局层面高度，成为企业战略体系的重要组成部分，更好地将石油先进文化与公司发展战略贯通融合，持续提升企业核心竞争力，切实扛起"兴油为国、为国兴油"的新时代使命。

（四）坚持效果导向，是文化引领企业高质量发展的永恒追求

文化引领企业高质量发展，是一个不断完善和持续提升的综合性、系统性工程，必须坚持在党组统一领导下、主管部门牵头协调、业务部门主导负责、地区公司积极落实，与提质增效价值创造专项行动、亏损企业治理和依法合规综合治理专项行动等一体推进，大力建设以石油精神和大庆精神铁人精神为核心，以人才发展、守法合规、精益管理、绿色低碳等方面理念为重点的石油先进文化，把文化价值理念融入生产经营全过程各环节，以先进文化铸企业之魂、谋企业之道、育企业之本、聚企业之力、塑企业之形，保证高质量发展落地落实。

（主研人：张金利　邹　君　杨永生　张　强

冯　煜　韩　续　李　想　吴　灏）

新时代视野下的
石油企业思想政治工作创新研究

长庆油田公司

进入新时代,传统石油企业在发展战略、生产经营组织模式、队伍思想状况等方面发生了深刻性、多样性变化。企业之变如何引导思想之变,思想之变又如何支撑企业之变,成为新时代重要课题。本课题对中国石油思想政治工作成果经验进行总结梳理,分析新时代视野下,石油企业思想政治工作面临的新形势新变化,以中国石油长庆油田公司(以下简称"长庆油田")为例,深入研究石油企业思想政治工作创新路径,重点归纳七种思路方法,供石油企业参考借鉴。

一、思想政治工作是石油企业的传家宝

在中国石油工业百年发展历程中,始终坚守思想政治工作这条"生命线",用好"传家宝",形成了特色的思想政治工作成果经验。

(一)坚定政治方向,涵养了"石油工人心向党"的红色底蕴

早在新中国成立前,党在玉门油矿成立老君庙矿区支部,在独山子油矿讲授政治课,石油战线播撒革命火种。新中国成立后,成立石油工程第一

师，把听党指挥的优良传统带到石油工人队伍中。石油战线提出"每个井队都要建立党支部"，大庆会战职工学习"两论"，在政治上、思想上、行动上更加体现坚持党的领导、加强党的建设。进入新时代，石油企业坚决贯彻"两个一以贯之"，扎实开展保持共产党员先进性学习教育活动、党史学习教育等党内集中学习教育，建立"第一议题"制度，完善党委中心组学习、党支部"三会一课"等制度，党的领导更加坚强有力。实践充分证明，石油企业思想政治工作，必须始终把坚持党的领导作为最重要一条，才能擦亮政治底色，坚定前行方向。

（二）坚守责任使命，唱响了"我为祖国献石油"的发展旋律

1935年，陕北红军接收延长油矿并组织生产，有力支持了中华民族抗日战争。1939年，延安抽调钻机帮助玉门油矿打下"石油抗战第一井"。中华民族危亡之际，石油工业为救亡图存作出重大贡献。新中国成立后，石油战线兴起"大干社会主义有理"的劳动热潮，把贫油的帽子甩进了太平洋。进入新时代，石油企业以强烈的责任担当，主动融入中华民族伟大复兴历史进程，油气产量多次实现历史性突破。实践充分证明，石油企业的思想政治工作，必须始终把"我为祖国献石油"作为根本动力，才能汇聚起最广大员工的思想合力。

（三）厚植精神根脉，锤炼了大庆精神铁人精神这个发展之魂

在石油大会战中，以"铁人"王进喜为代表的石油人，艰苦奋斗，顽强拼搏，培育形成了以"爱国、创业、求实、奉献"为主要内涵的大庆精神，成为石油企业思想政治工作的鲜明特色。党和国家历代领导人高度重视传承弘扬大庆精神铁人精神，2021年，在建党一百周年之际，大庆精神铁人精神被纳入中国共产党精神谱系。中国石油连续多年开展大庆精神铁人精神学习教育活动，组织数百场"石油魂"巡回宣讲，成立大庆精神铁人精神研究会，推动伟大精神入脑入心、融心践行。实践充分证明，只有坚定不移弘扬

大庆精神铁人精神，构筑好百万石油人的精神家园，才能凝聚起干事创业、砥砺奋进的强大精神力量。

（四）树牢基层导向，完善了以"三基"工作为代表的基层基础管理模式

石油战线由于行业生产特点，历来重视抓好基层思想政治工作，坚持把思想政治工作做进千里油气区，做在万里管线旁。新中国成立初期，把党支部建在井站上，建立健全基层生产管理制度，总结出"三基"工作典型经验。进入新时代，找准党建与生产经营的有效结合点，积极推进基层党建"三基本"建设与"三基"工作有机融合，思想政治工作基础更加牢固，工作方向更加明确。实践充分证明，只有发挥好基层党组织积极性主动性，思想政治工作才能厚植根基，激发最顽强的生命力。

（五）强化典型选树，培育了一大批叫得响过得硬的石油英模

典型引领是石油战线调动员工积极性的重要思想政治工作方法。1944年，毛泽东为延长石油厂厂长陈振夏写下"埋头苦干"的题词，中国石油先后树立了王进喜、王启民、李新民三代"铁人"，"宁肯少活二十年，拼命也要拿下大油田"的精神激励着百万石油人奋斗奉献。新时代，中国石油制定实施《关于加强选树和宣传重大典型的意见》，中国石化、中国海油等定期表彰劳动模范、先进集体，将先进典型培养、选树纳入思想政治工作体系之中。实践充分证明，先进典型选树是思想政治工作的重要途径，能有效增强思想政治教育的亲切感和实效性。

（六）传承红色基因，建成了一系列具有广泛影响力的红色阵地

"延一井""老君庙一号井"等红色阵地，因其为抗战胜利、民族解放作出巨大贡献，成为全国重点文物保护单位。大庆会战、陕甘宁会战、塔里木会战中诞生的各类文化阵地逐渐成为百万石油人的精神高地。进入新时代，中国石油先后命名五批企业精神教育基地，制定教育基地建设、管理和

使用各项制度，利用基地开展形式多样的特色教育活动。实践充分证明，思想政治工作需要实体化的阵地，让员工触摸历史、看见变化、感知责任。

二、新时代石油企业思想政治工作面临的新形势新挑战

本研究基于SWOT视角，从内部优势（Strengths）、劣势（Weaknesses）和外部机遇（Opportunities）、挑战（Threats）四个维度，对新时代石油企业开展思想政治工作进行系统分析（调查数据、相关分析等以长庆油田为主要案例，并参考借鉴其他油田做法），在此基础上提出并实践新时代思想政治工作创新举措。

（一）内部优势（Strengths）

（1）"听党话跟党走"是石油人与生俱来的优秀品格，石油行业优良传统集中体现了党的优良传统。

（2）石油企业思想政治工作积淀深厚，形成了"两论"起家、"两分法"前进，"抓生产从思想入手，抓思想从生产出发"等做法经验。

（3）石油企业多年来规范化常态化开展思想政治工作，成立思想政治工作研究会，强化基层党组织建设，规范政治理论学习，组建专职工作队伍，工作体系成熟，工作方法多样。

（4）特别是党的十八大以来，石油企业思想政治工作融入发展大局大势，进一步完善体系、丰富内容、创新形式，实现因事而化、因时而进、因势而新。

（二）内部劣势（Weaknesses）

（1）时代大背景下，传统油气行业面临冲击，行业转型探索的不确定性带来员工忧虑。

（2）多元价值诉求叠加显现，给传统的强调一元化的石油企业思想政治

工作提出更高要求。

（3）思想政治工作传统优势还存在思维惯性，缺乏与时俱进，工作内容新意不足。

（4）部分基层干部生产经营压力大，一定程度上忽视思想政治工作，专职政工干部配备少，影响了思想政治工作整体成效。

（三）外部机遇（Opportunities）

（1）中国经济迈向高质量发展，全面建成了小康社会，人民群众对美好生活的向往更加强烈，对坚持中国共产党领导、坚定不移走中国特色社会主义道路的理想信念更加坚定。

（2）加强和改进思想政治工作大环境更加优化，《关于新时代加强和改进思想政治工作的意见》出台，各级党委高度重视思想政治工作。

（3）核心价值观凝聚社会力量，"弘扬主旋律、传播正能量"事件逐渐增多，积极影响了石油企业员工队伍的思想认识。

（4）互联网革命继续爆发，中国网民规模超10亿，新技术广泛应用，新工具全面普及，为石油企业思想政治工作提供了全新的工作思路和手段。

（四）外部挑战（Threats）

（1）百年变局带来思潮激荡，社会思想多元多样多变、交流交融交锋，思想政治工作与时俱进、常做常新的难度更大。

（2）负面事件带来情绪影响辐射面更大，拜金主义等错误思潮不时出现，借助互联网传播造成更大波及。

（3）网络社群圈层化，导致"信息茧房"现象更加普遍，网民因特定价值观念、利益诉求等结成网络共同体，"只站队、不站对"心理影响共识形成。

（五）策略分析

根据 SWOT 理论，将内部优势、劣势与外部机遇、挑战两两组合，形成 SO 策略、WO 策略、ST 策略和 WT 策略。

（1）SO 策略：包括三项具体举措。一是始终用党的创新理论武装头脑，继承弘扬石油企业优良传统；二是顺应数字时代要求，把数字化与思想政治工作结合，打造"互联网＋思想政治"工作模式；三是借助外部力量，用好企业和地方两种资源、两个力量，共建共用红色资源开展思想政治工作。

（2）WO 策略：包括三项具体措施。一是创新思想政治工作载体，讲好文化故事、建好文化阵地、丰富文化产品，在企业弘扬社会主义核心价值观；二是引导员工直面改革，在"变"中求"稳"，因时因势做好思想教育；三是尊重个体价值，引导、培养员工与企业共同成长、与社会共同进步。

（3）ST 策略：包括三项具体措施。一是打造石油企业的特色企业文化，用优良传统、先进文化矫正外部不良影响；二是把解决实际问题与解决思想问题相结合，改善员工工作生活条件，引导员工在理性对比中找到价值、坚守初心；三是严格监控舆情，掌握思想动态变化，及早化解外部影响。

（4）WT 策略：包括三项具体措施。一是强化一人一事思想政治工作，注重手段创新，尤其是要用好互联网；二是加强对思想政治工作的支持和保障力度，建立思想政治工作大格局；三是着重面向基层党支部和党员干部，不断强化培训，提升思想政治工作队伍综合素养。

三、新时代石油企业思想政治工作的创新路径——以长庆油田为例

基于 SWOT 策略分析结果，聚焦"新时代"这个时间节点，完善形成新时代长庆油田思想政治工作的"1+4+7+3"实践体系，如图 1 所示。

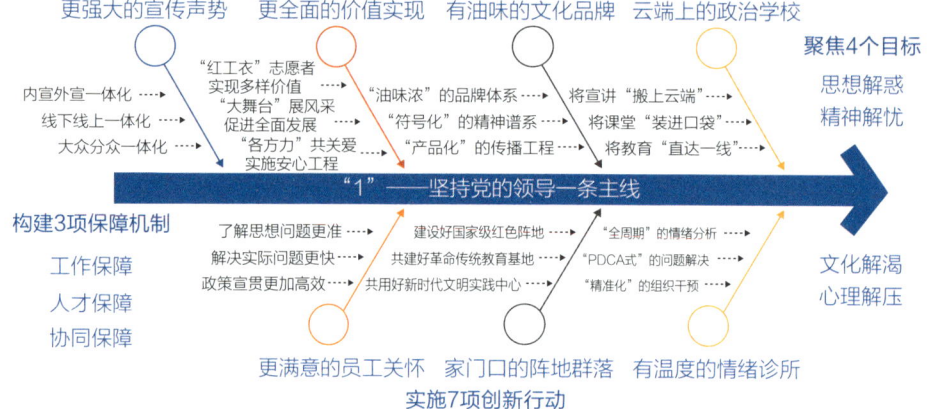

图 1　长庆油田"1+4+7+3"思想政治工作创新实践体系"鱼骨"图

（一）坚持一条主线

长庆油田新时代思想政治工作坚持一条主线：始终把开展思想政治工作作为坚持党的领导、加强党的建设的重要方式，探索符合新时代要求的思想政治工作路径，凝聚起干部员工热爱长庆、奋斗长庆、奉献长庆的磅礴力量。

（二）聚焦四个目标

（1）思想上解惑，用"不惑"明方向。就是要教育引导干部员工自觉用党的创新理论武装头脑、指导实践，在学思践悟中开阔视野、增长才智、坚定信心，始终坚定对中华民族伟大复兴的信心，坚定为中国最大油气田高质量发展奋斗的信心决心，解开疑惑，坚定前行。

（2）精神上解忧，用"无忧"聚合力。就是要将解决思想问题与解决实际问题相结合，扎实推进"我为员工群众办实事"实践活动，做到聚民心、暖人心、筑同心，切实将长庆油田发展与员工发展紧密结合，实现企业与员工共同发展，解除忧虑，共谋事业发展。

（3）文化上解渴，用"消渴"聚精神。就是要将思想政治工作融入企业精神培育和文化建设中，传承弘扬中华优秀传统文化，继承发扬石油精神和大庆精神铁人精神，打造长庆精神文化品牌，始终用优秀文化培育心智、浸润心田、滋养心灵，满足渴求，激扬内生动力。

（4）心理上解压，用"无压"解心结。就是要牢牢把握员工群众所思所想、所期所盼，健全干部联系基层、党员联系群众机制，切实加强人文关怀与心理疏导，建立心理服务体系和疏导机制，用浓厚的团队氛围解开心结、舒缓压力。

（三）实施七项创新行动

长庆油田在继承发扬石油企业思想政治工作优良传统基础上，推动新时代思想政治工作守正创新发展，用高质量、精准化的"供给侧"创新，解决"需求侧"实际问题，真正让思想政治工作因时而进、因势而变。主要是基于SWOT形成的策略，在以下七个行动中对应开展创新工作。

1. 数字时代"篝火学'两论'"，建设"云端上的政治学校"

传承发扬"篝火学'两论'"的优良传统，将思想政治工作与现代信息技术相结合，打造"云端上的政治学校"，提高学习实践党的创新理论的实效性，在多元中坚定"主心骨"、在多变中唱响"主旋律"。

（1）将宣讲"搬上云端"。连续3年开展学习贯彻习近平新时代中国特色社会主义思想"云宣讲"活动，培养了一批"理论网红""宣讲大V"，吸引超过27万人次参与学习，打造了干部员工喜爱的政治宣讲品牌，精品党课、员工讲堂等也被搬上"云端"，进一步丰富了"云宣讲"课程体系。

（2）将课堂"装进口袋"。利用"铁人先锋""学习强国"等载体，打造"口袋中的政治课堂"，开展"指尖上的学习"，在员工生活场所等打造线下文化墙，扫码学习、线上讲解，提升理论学习的渗透力和实效性，实现教育空间"虚拟与现实相结合"。

（3）将教育"直达一线"。联合《求是》杂志社开展"党的创新理论进班组"活动，把党委中心组学习重要课程录制成视频，将理论"套餐"送进一线井站、送到员工面前。联合所在地方党委、政府共同在陇东南梁、陕北靖边等地挂牌新时代文明实践中心，与地方政府实现资源联网共建、联线互享，打造一线干部员工学理论、讲理论、用理论的重要阵地。

2. 用智能技术分析员工思想数据，打造"有温度的情绪诊所"

在全媒体背景下，要全周期打好思想政治工作这场重要"战争"。长庆油田运用大数据等现代信息技术，实现舆情分析、情感引导、组织干预的智能化与精准化。

（1）探索"全周期"的情绪分析机制。制定思想动态分析制度，厂党委层面每年至少开展两次思想动态调研、作业区层面每季度至少开展一次思想动态调研。发挥网络载体灵活优势，推行"三个必须"（公司领导现场调研必须开展网络问卷调查、专业部门专题调研必须辅助网络问卷调查、民生工程必须紧紧依靠网络问卷调查），用好"二维码"常态化开展网上"厂情民意"大调查。

（2）健全"PDCA闭环式"的问题解决机制。在广泛调研基础上，借助云计算、大数据等技术服务，有效利用思想动态分析数据，做到及时应对、提前化解负面舆情影响。尤其是在基层推行民意调研处理PDCA模式，每季度开展员工诉求的公开回复与处理，后期持续检查督促，形成闭环管理。员工反映问题有人倾听、有人处理、有人反馈，主人翁意识更加强烈。

（3）执行"精准化"的组织干预机制。将"一人一事"工作与现代信息技术相结合，试点建立网上员工"心情晴雨表"和"心情浮动牌"，实现员工思想与心情变化定量化、可视化，及时针对员工事业发展、家庭变故等问题开展"一对一"思想引导，让情感和舆论引导更精准有效，用"软治理"优势维护良好局面。

3. 用品牌力量增强文化自信，打造"有油味的文化品牌"

把打造优秀的企业文化作为思想政治工作的内在动力，完善企业理念体系，锤炼了"忠诚担当、创新奉献、攻坚啃硬、拼搏进取"的长庆精神，文化品牌得到员工认可认同，培育了企业发展最基本、最深沉、最持久的力量。

（1）打造"油味浓"的品牌体系。传承弘扬石油精神和大庆精神铁人精神，梳理长庆文化三大基因，以习近平总书记"创和谐典范、建西部大庆"嘱托为价值追求，从核心理念、发展理念、工作观念、行为规范、视觉识别等五个层面，打造完整、科学的文化品牌体系，"热爱长庆、奋斗长庆、奉献长庆"等文化理念唱响千里油区，逐步得到社会认可，增强了员工队伍凝聚力和自信心。

（2）建设"具象化"的精神谱系。从独特的自然禀赋和地域特色中，升华形成了"磨刀石""好汉坡""山丹丹""苏里格"等一批精神品牌。将精神具化到石油模范、长庆故事中，让精神"具象化"，更加可知可感。"铁人队长"王文汉、"高原采油花"刘玲玲、"油井神医"杨义兴等英模，推动长庆精神谱系实现品牌化传播，让长庆精神更加广为流传、深入人心。

（3）实施"产品化"的传播工程。用产品思维打造文化产品，创作《世纪征程——磨刀石上的石油梦》《延安精神·石油魂》等一批精品文艺演出，评选了"长庆50年十大金曲"，唱响了《爱的力量》《忠诚》等一批时代歌曲，组织著名作家进油田创作《战石油》《高高的太阳坡》等一批文学作品，《血脉》等一批微电影走出国门，接地气、有油味的文艺精品广为传播，让长庆文化形象深入人心。

4. 用好用活内外两种资源，打造"家门口的红色阵地群落"

长庆油田充分发挥地处陕甘宁革命老区、红色资源丰富的优势，联合油区所在地政府实施红色资源挖掘、保护、管理、利用的四大工程，建立红色资源库，分级分类管理运用，打造"企地共建共享"的思想政治教育阵地群落。如图2所示。

（1）建设管理好国家级重要红色阵地。长庆油田是唯一一个整体入选"全国爱国主义教育示范基地"的企业，油田公司党委制定管理办法，推动企地双方共建共享，面向驻地政府、社会大众开放，利用建党节、国庆节等重要节点，开展升国旗、唱国歌等礼仪活动，充分发挥礼仪教化作用，让"红色仪式感"融入企地党员干部、员工群众工作生活。

图2 长庆油田打造"家门口的红色阵地群落"

（2）共建共享好"长庆油田革命传统教育基地"。按照就近就便原则，以油田各级党组织为主体，联合属地政府开展红色资源挖掘、保护、管理、运用工程，携手推进"革命传统教育基地"等阵地建设、挂牌，积极组织企地党员干部员工前往红色阵地开展学习实践，让"家门口的红色阵地"成为党员干部爱去、愿去的红色阵地，让红色成为鲜明的思想底色。

（3）开放共用好新时代文明实践中心。通过地企区域党建联建等多种合作方式，在陕甘宁蒙四省（区）打造25个新时代文明实践中心（站、所），成立60多支志愿者队伍，深入油区开展党的创新理论和党史学习教育宣讲。长庆油田文化资源陕参一井、将军楼、好汉坡等成为地方党员党性教育基地、学习实践基地，用内外两种力量打造红色思想政治工作阵地。

5. 用多重角色实现多样价值，促进"更全面的价值实现"

把促进员工更全面价值实现作为思想政治工作的落脚点，引导员工走出油区，在更高更广舞台承担更多角色、实现多样价值。同时，进一步聚焦主责主业，引进社会力量更好服务干部员工，把思想政治工作做到实处、做进心里。

（1）当好"红工衣"志愿者，实现多样价值。引导干部员工走向社会，通过多种方式，在服务社会中扮演好社会角色，实现个人价值。常态化组织开展青年志愿服务行动，评选表彰金牌志愿者，培育"绿洲""小蜜蜂"等志愿品牌，开展服务保障"十四运"、义务支教等志愿服务，"红工衣老师"志愿者走进央视《当代工人》栏目，"荞麦花"青年志愿者关爱留守儿童扶贫助学项目获得国家奖励，员工被认可认同的社会价值感更强。

（2）走上"大舞台"展风采，促进全面发展。引导员工走上更高平台，实现个人价值。承办、参加各类职业技能竞赛，多名员工获得专业大奖，职业通道不断扩展。多名员工参加央视《星光大道》等栏目，青年员工王军参加央视《中国诗词大会》并获得全国季军，长庆油田公司党委大张旗鼓进行宣传奖励，营造了全员学习、提升素养的浓厚氛围，展现了干部员工全面发展的精神风貌。

（3）汇聚"各方力"共关爱，实施安心工程。把员工关怀延伸到岗位之外，联合兄弟单位、地方企业共同开展"长庆鹊桥"联谊活动，为超3000名长庆青年解决婚恋择偶问题。聚焦员工健康，积极打造医疗专家库和急救中心，常态化组织专家开展一线义诊，提供应急就医服务，让"三甲"医院直达基层、直通一线，员工获得感幸福感安全感更加充实。

6. 用数智化技术高效解忧纾困，实现"更满意的员工关怀"

依托数智化油田建设，积极用信息化手段解决员工思想问题与实际问题，不断提高员工群众满意度与便利度。

（1）了解思想问题更准。聚焦员工反映诉求渠道少、链条长等问题，开通手机钉钉信访程序和网上党委信箱，建立网格管理，设置闭环流程，指定专人督办，实现即时传达、限时督办、及时反馈。针对涉及员工切身利益的问题，由主管领导带队进行政策解答和问题督办，诉求办理质效明显提升。

（2）解决实际问题更快。以信息手段减负提效，针对审批距离远、签字协调难等问题，开发协同办公和集中集成智能平台，实现业务审批线上办理,让"数据多跑路、员工少跑腿"。推进场站智能升级改造,规模应用智能巡检、自动启停等智能系统,既减负提效,又缓解员工工作和思想压力。

(3)政策宣贯更高效。针对员工密切关注的相关政策,创新开展政策宣贯直播活动,组织线上宣贯和互动讲解,制作相关知识普及微视频,确保政策宣贯及时有效、所思所盼及时满足。同时,组织线上运动会等契合长庆油田点多、线长、面广特点的网络活动,激发全员竞赛热情,提振全员精气神。

7. 用系统观念推动宣传工作,实现"更强大的宣传声势"

统筹内宣外宣、线上线下、大众分众等多维度传播工作,不断提高宣传思想工作传播力、影响力和引导力,推动思想政治工作有氛围、有温度、有成效。

(1)内宣外宣一体化。打破内外宣传壁垒,打通内外宣传渠道,实现优质宣传资源、宣传方法内外部共享共用。内部宣传大力借助外力,《求是》杂志社等权威机构多次指导宣传宣讲工作,切实激发了员工队伍责任感使命感;外部宣传大力组织媒体开放日、网络直播,近距离向公众展示油田生产生活场景,激发员工"我为祖国献石油"荣誉感。

(2)线上线下一体化。建成融媒体中心,打造完善的融媒体矩阵,注重用融合路径讲好长庆故事,通过图文报道、视频直播、音频展播等方式,全方位、多角度、多层次展示油田贡献。创新开展线下宣传活动,发布长庆油田首个社会责任报告,联合庆阳市举办革命老区建成千万吨油气生产基地报告会,提升油田知名度与美誉度。

(3)大众分众一体化。将"大水漫灌"与"精准滴灌"相结合,持续抓好党的二十大、建成6000万吨大油气田等重大宣传报道;针对不同群体、不同需求的干部员工,安排菜单式宣传宣讲。党的二十大精神宣传宣讲期间,确定不同宣讲主体,制定不同宣讲提纲,因地、因时、因人开展上千场宣传宣讲,提高宣传工作针对性、实效性。

（四）构建三项保障机制

1. **构建工作保障机制**

长庆油田公司党委加强系统谋划，做好思想政治工作总体规划，制定理论研究、队伍建设、基础建设等项目规划，纳入企业总体发展规划之中。开展系统保障，加大对思想政治工作的投入力度，建立思想政治工作领导小组，设立企业文化建设等专项资金。做好系统评价，完善考评监督机制，量化考核标准，促进工作落实。

2. **构建人才保障机制**

加强思政工作人员培养，选拔德才兼备的优秀人才，打造专兼结合的工作队伍，利用互联网提升思想政治工作能力。关注关心工作人员成长成才，深化职务评聘制度改革，培养企业思想政治工作的"行家里手"。加强学习培训，优化思想政治工作人员知识结构、拓宽工作思路，有计划有步骤地开展全员培训，提高全员能力素养。

3. **构建协同推进机制**

构建完善思想政治工作大格局，横向上建立党委统一领导、党政齐抓共管、各部门分工负责、全员共同参与的工作大格局，纵向上建立从油田公司、基层单位到生产一线"一贯到底"的全覆盖工作体系。加强企地合作，通过区域党建联建等多种形式，利用好多方资源，共同开展思想政治工作，画好思想政治工作"同心圆"。

四、成效与启示

（一）要始终重视"头脑建设"，永葆石油人红色底蕴与战斗情怀

长庆油田结合网络信息技术发展趋势，推动理论学习数字化、信息化，形成了"口袋课堂""云端宣讲"等系列创新做法，长庆人"听党话跟党

走"政治信念不断坚定。实践充分说明,石油企业思想政治工作只有始终重视"头脑建设",用党的创新理论武装头脑、指导实践,才能将党的政治优势转化为发展优势,不断凝聚起员工队伍团结奋斗的磅礴力量。

(二)要始终强化舆论引导,打造主流思想舆论的坚实阵地

主流思想舆论强,则思想政治工作强。长庆油田将现代信息技术与舆论工作相结合,推动思想摸排更便捷、舆情分析更准确、舆论引导更智能,正面引导和负面化解的能力持续提升。实践充分说明,石油企业只有始终巩固壮大主流思想舆论,用主流思想、主流价值、主流观念凝心聚力,才能将无数个"我"聚合成"我们",拧成一股绳、形成一股劲。

(三)要始终突出文化引领,厚植百年长青企业的精神优势

文化自信是最基本、最深沉、最持久的力量。长庆油田思想政治工作始终重视以文化人、以文育人,丰富完善长庆精神体系,并不断赋予新的时代内涵,极大增强了干部员工归属感、自豪感。实践充分说明,企业文化建设是思想政治工作的重要载体,要在提升发展"硬实力"的同时,用好文化"软实力",为建设百年长青企业厚植文化优势。

(四)要始终推进共建共享,用好用活多种力量共建精神家园

思想引导要善借众力,善用众智。长庆油田发挥地处革命老区、红色资源丰富优势,与地方政府共建共享革命传统教育基地,用好用活内外资源、企地力量,思想政治工作的精神家园范围更广、层次更高、更有活力。实践充分说明,思想政治工作要将"走出去"与"引进来"相结合,推动思想教育、文化阵地、学习活动等共建共享,不断提升思想政治工作成效。

(五)要始终突出价值实现,为促进员工发展搭建广阔平台

长庆油田实施人才强企工程,提升队伍综合素质,激发员工首创精神,用强有力的思想政治工作凝聚了热爱长庆、奋斗长庆、奉献长庆的磅礴力

量。实践充分说明，要始终将员工关怀摆在重要位置，想员工所想、解员工所难，为员工实现个人价值、成长成才搭台铺路，不断实现员工对美好生活的新期待，才能凝聚起推动高质量发展的磅礴力量。

（主研人：刘学民　冯盼盼　王　嬿　任　泽　辛　旭　康一麟　刘　迪　马　媛）

党委意识形态工作责任制落实落地研究

新疆油田公司

习近平总书记在党的二十大报告中指出:"推进文化自信自强,铸就社会主义文化新辉煌""我们要建设具有强大凝聚力和引领力的社会主义意识形态,牢牢掌握党对意识形态工作领导权,全面落实意识形态工作责任制"。意识形态工作责任制是新时代管党治党的主要抓手之一,与党风廉政建设责任制、党建工作责任制一起,并称为新时代全面从严治党三大主体责任。推进全面从严治党必须全面落实意识形态工作责任制。作为中国石油驻疆企业,中国石油新疆油田公司(以下简称"新疆油田")肩负着保障国家能源安全和稳疆固边的使命责任,也面临着意识形态领域反分裂斗争的严峻复杂形势。长期以来,新疆油田公司党委按照党中央、集团公司党组、新疆维吾尔自治区党委决策部署,紧紧围绕"举旗帜、聚民心、育新人、兴文化、展形象"使命任务,迎难而上、守正创新、综合施策、群策群力,全面推进党委意识形态工作责任制落实落地,切实维护新疆油田改革发展稳定大局,为建设世界一流两千万吨综合性能源公司、保障国家能源安全、助力新疆社会稳定和长治久安创造良好的安全发展环境。

一、深刻认识做好意识形态工作的重大意义

习近平总书记指出:"意识形态工作是党的一项极端重要的工作"。能否做好意识形态工作,事关党的前途命运,事关国家长治久安,事关民族凝聚力和向心力。因此,必须把意识形态工作的领导权、管理权、话语权牢牢掌握在手中,任何时候都不能旁落,否则就要犯无可挽回的历史性错误。只有深刻认识到意识形态工作的重大意义,才能充分理解落实党委意识形态工作责任制的必要性。

(一)意识形态工作关乎旗帜、道路和国家政治安全

意识形态是决定一个国家、一个政党的性质,决定举什么旗、走什么路的根本问题。旗帜决定方向,道路决定命运。在旗帜和道路的问题上,党的意识形态工作是关键的"压舱石",在整个国家政治安全体系中居于重要地位。意识形态安全是总体国家安全观的重要组成部分,只有维护好国家意识形态安全,才能从精神上、思想上保证国家统一和民族独立,才能为政权稳定和执政安全提供强有力的思想保障和精神支柱。因此,要坚定不移地巩固马克思主义在意识形态领域的指导地位,巩固全党全国人民团结奋斗的共同思想基础,用习近平新时代中国特色社会主义思想武装全党、教育人民,唯其如此,才能牢牢掌握意识形态工作的领导权。

(二)意识形态工作关乎全民族的凝聚力和向心力

意识形态是社会思想观念层面的"黏合剂",不仅具有聚合内部成员、带动民族发展的强大驱动力,而且具有克服分裂分化、消解外部干扰的强大抵御力。社会主义意识形态闪烁着真理的光芒,能够最大限度地克服资本主义意识形态的虚伪性和欺骗性。突出抓好社会主义意识形态的思想精华和价值灵魂,有利于提高民族的凝聚力和向心力。通过理想信念、精神情感、道德规范等方面的内向性聚拢和发展方向、进步趋势等方面的外向性牵引带

动,使全民达到一种思想上合流合聚、精神上信仰信奉、行动上自愿自觉的状态。只有建设具有强大凝聚力和引领力的社会主义意识形态,才能牢牢掌握意识形态工作的话语权,才能转化为实现中华民族伟大复兴的强大智慧和磅礴力量。

(三)意识形态工作关乎新疆油田的和谐稳定和永续发展

作为国有骨干企业,新疆油田在打造基业常青百年油田、保障国家能源安全的历史征程中,迫切需要和谐稳定的内外部环境。当前,新疆意识形态工作面临的情况仍然错综复杂,"三股势力"境外有种子、境内有土壤、网上有市场,滋生分裂、极端、暴恐的因素依然存在,各类意识形态风险不容忽视。铸牢中华民族共同体意识,对冲极端化思想,维护民族团结和祖国统一,是驻疆企业意识形态工作的重中之重。只有完整准确贯彻新时代党的治疆方略,才能牢牢掌握新疆意识形态工作的管理权,才能为驻疆企业创造和谐稳定的永续发展环境。

二、当前新疆油田意识形态领域面临的风险挑战

新中国成立以来,实现了从站起来到富起来到强起来的伟大飞跃,结束了"挨打""挨饿"的痛苦遭遇,经受住了来自政治、经济、意识形态、自然界等方面的重重考验。随着中国成为世界第二大经济体,西方国家的意识形态偏见和国内一些公共知识分子的"骂声"开始多起来,这使我国意识形态领域依然面临严峻复杂的风险挑战。

(一)西方意识形态对我国主流意识形态的冲击

党的十八大以来,我国意识形态领域形势发生全局性、根本性转变,正能量充沛、主旋律高扬、民族自信心坚定。但是危机和风险不容忽视,对抗和斗争的弦不容放松。在中国的和平崛起进程中,西方国家利用强势舆论

工具散布"中国威胁论""国有企业垄断论"等种种论调,在意识形态领域进行思想干扰、舆论攻击、文化侵蚀,肆意在国际社会中歪曲误解、唱衰丑化中国的国家形象。受到西方资助或影响的公知学者也推波助澜,主张国有企业"去政治化""去意识形态化";打着"流行时尚"的幌子制作低俗庸俗媚俗的娱乐节目;采取迂回隐蔽手段设计出西化丑化的问题教材,对我国的政治安全和文化安全构成严重危害。不时出现的"官员雷语""低级红""高级黑",也对党的意识形态工作带来风险挑战。

(二)"三股势力"对新疆地区的意识形态渗透

新疆具有极其重要的战略地位,是国家"稳住西北、经略东南"的战略屏障和向西开放的门户,是丝绸之路经济带核心区,是国家能源资源基地和战略通道。一段时间以来,新疆地区深受民族分裂势力、宗教极端势力、暴力恐怖势力的叠加影响,恐怖袭击事件曾频繁发生,对各族人民生命财产安全造成极大危害。虽然新疆各级党委政府按照中央的决策部署依法重拳打击,实现了连续六年无暴恐、由乱到治的稳定局面,但是"三股势力"及其影响依然存在,新疆反恐怖主义和去极端化斗争依然严峻复杂。美西方本着遏制、分裂中国的目的,继续支持"三股势力",加紧在新疆实施渗透、破坏和颠覆活动。2022年,美西方国家再次炮制、渲染所谓"新疆棉事件",企图从思想和情感上造成少数民族群众与国家政府的割裂。这一切都对新疆意识形态领域反分裂斗争再教育构成严峻挑战。

(三)现阶段新疆油田意识形态工作存在的薄弱环节

《党委(党组)意识形态工作责任制实施办法》是党的十八大以来意识形态领域的第一部中央党内法规,对意识形态工作责任制作出规定,也明确了工作方式方法。但是在实际执行过程中,也存在一些薄弱环节。

1. 部分党员领导干部重视程度不够

一些领导干部在思想上存在重生产经营、轻意识形态工作的倾向,虽然口头上高喊"两手抓、两手都要硬",但是实际工作中却忽视、淡化意识形态工作。一些党员干部认为意识形态工作是宣传思想部门的事，事不关己高高挂起，对身边的意识形态问题不闻不问。还有一些党员干部不能严格要求自己、约束自己，在公众场合发泄私愤，或者在微信群、朋友圈乱发不当言论，为企业造成不良影响。

2. 教育引导方式方法存在短板

面对互联网时代信息化突发猛进带来的严峻挑战和网上意识形态斗争复杂化问题，各级党员干部普遍存在"本领恐慌"现象，方式方法老式陈旧，不会用或者不敢用新手段解决问题。在舆情管控和危机处理上办法不多、技术不精，在有害敏感信息清理上还不彻底。面对新疆的特殊维稳形势，去极端化教育手段单一，难以触及个别员工的灵魂深处。一些党员干部对党的民族政策理解不透，对少数民族服饰、音乐、文字、文学等传统文化不熟悉，导致专业审读能力不强等问题。

3. 意识形态责任落实层层衰减

虽然建立了党委意识形态责任制，也签订了"意识形态工作目标管理责任书"，但是在责任落实上存在虚化弱化和层层衰减问题。一些单位往往流于形式，仅在材料上留痕，未能在层层压实责任中履行工作指导和"三审三校"责任，甚至直接甩给最后的执行人处理。一些单位在阵地管理上责任不清楚、措施不完善、流程不明晰、奖惩不分明，缺乏操作性。一些单位领导对本单位的社交媒体群组底数不清，存在风险隐患。

三、落实党委意识形态工作责任制的路径措施

（一）聚焦关键点——内容上做什么

意识形态工作是一项政治性强、涉及面广、影响力大的系统工程，内容包罗万象。要落实好党委意识形态工作责任制，首先要明确重点抓什么。新疆油田结合自身实际，聚焦中心任务，把握关键要害，重点从理论武装、治疆方略和凝心聚力三大领域推进工作。

1. 聚焦理论武装

习近平新时代中国特色社会主义思想是中国化时代化的马克思主义，是最具感召性、最有动员力的精神旗帜和行动指南，自然成为新时代党的意识形态工作的核心指导思想和根本理论遵循。新疆油田公司党委高度重视理论武装，将学习宣传贯彻习近平新时代中国特色社会主义思想和习近平总书记关于石油战线系列重要指示批示精神作为落实党委意识形态工作责任制的首要政治任务。通过第一议题、两级党委理论学习中心组、党支部"三会一课"、管理大讲堂、专题读书班、党校轮训等方式，深入开展学习研讨活动，引导广大党员干部深刻领悟"两个确立"的决定性意义，增强"四个意识"、坚定"四个自信"、做到"两个维护"，确保在思想上政治上行动上与党中央保持高度一致。

新疆油田组织新入职员工参观党员教育基地

2. 聚焦治疆方略

新疆自古就是多民族聚居、多文化交汇、多宗教并存的地区，更是当今反恐维稳去极端化的前沿阵地和意识形态领域反分裂斗争的主战场。党的十八大以来，以习近平同志为核心的党中央擘画了新时代党的治疆方略，坚持把社会稳定和长治久安作为新疆工作总目标，坚持依法治疆、团结稳疆、文化润疆、富民兴疆、长期建疆总方针，推动新疆大局实现由乱到治的历史性转变。新疆油田忠实履行"三大责任"，坚决落实新时代党的治疆方略，全面打好反恐维稳组合拳，筑牢员工不信教、反邪教的思想基础；以铸牢中华民族共同体意识为主线，连续41年开展民族团结进步教育月活动，成功创建全国民族团结进步模范单位，深入落实"团结稳疆"工作部署，创新开展"民族团结一家亲"和民族团结联谊活动，推动各族员工交往交流交融，始终"像石榴籽一样紧紧抱在一起"；大力实施"文化润疆"工程，使各族员工不断增强对伟大祖国、中华民族、中华文化、中国共产党、中国特色社会主义的认同。加强统战工作，建立党外代表人士信息库，建成公司党外人士建言献策工作室，广泛开展联谊交友活动，充分发挥了党外代表人士参政议政作用。

3. 聚焦凝心聚力

意识形态本质上是一种信念、信仰体系，也是统一共同体成员意志的一种行动准则。推动新时代意识形态工作强起来，是一篇利国利民的大文章。要聚焦重点领域，推进文化自信自强，大力发展社会主义先进文化，弘扬革命文化，传承中华优秀传统文化，用主旋律、正能量强基固本、凝魂聚气。用中国梦凝聚员工士气，激发广大员工的爱国热情和民族情怀；用社会主义核心价值观引领社会风尚，不断提高员工的道德水准和公司的文明程度；用伟大建党精神、石油精神和大庆精神铁人精神凝神铸魂，激发广大员工改革创新、攻坚克难的磅礴力量；用大宣讲引导全员转变观念，增强"转观念、勇担当、强管理、创一流"的紧迫感和能动性；用舆论宣传塑造企业形象，全方位展示新疆油田的责任担当，不断巩固壮大奋进新时代的主流思想舆论。

（二）构建体系网——流程上怎么办

健全完备的制度体系和建立有效的管控流程是落实党委意识形态工作责

任制的重要保障。新疆油田学习借鉴PDCA（计划、执行、检查、处理）管理模式，对意识形态工作进行全过程管控和闭环管理，在探索实践中打通了PDCA循环链。

1. 制度上明责

新疆油田公司党委加强顶层设计，研究制定了新疆油田公司《党委意识形态工作责任制实施细则》《意识形态阵地管理办法》《新媒体管理办法》等制度和年度工作计划，从工作责任、阵地管理、监督考核、责任追究等方面进行了规范和约束，确定了属地管理、分级负责和谁主管谁负责的原则，建立了意识形态工作任务清单、责任清单和负面清单。成立新疆油田公司党委意识形态工作领导小组，明确公司各级党委（党组织）对本单位意识形态工作负主体责任，公司党委书记履行第一责任人职责，党委副书记履行直接责任，其他班子成员履行"一岗双责"，各部门各负其责，基层单位层层压责，形成党委统一领导、宣传部门组织协调、党政齐抓共管、各部门分工负责、全体员工广泛参与的"一体化"工作格局，确保意识形态管理有章可循、有据可依。

2. 执行上履责

新疆油田公司党委认真履行意识形态工作主体责任，将意识形态工作纳入党建目标管理体系、维稳防恐管理体系、年度绩效考核、民主生活会与述职报告的重要内容，与生产经营主营业务同部署、同落实。新疆油田公司党委宣传部每季度召开新闻通气会，安排理论武装、意识形态、民族团结、宣传网络、文化建设等重点工作，并根据上级要求及时发布工作提示。维稳信访工作部门每周通报反恐维稳去极端化、意识形态、新冠疫情防控等情况。基层各单位积极组织学习宣传和教育实践系列活动。为推动工作落实，新疆油田公司党委每季度听取一次意识形态工作汇报，每半年专题研究一次意识形态工作，每年向上级党组织汇报意识形态工作情况。2017年以来，新疆油田公司党委先后14次召开意识形态专题研究会，形成了计划、执行、反馈、再部署的良性循环。

3. 检查上督责

新疆油田公司党委依据相关考核办法，将意识形态工作内容细化为杜绝、管理、控制三类考核指标 27 项具体考核项，每年组织签订"意识形态工作目标管理责任书"，把各级党组织落实意识形态工作责任制情况与绩效考核挂钩，形成压力层层传导、责任层层落实的良好局面。纪检监察部门将各级党组织落实意识形态工作责任制纳入公司党委巡察范围，明确 5 大类 34 项巡察（督导）重点内容，深入开展意识形态专项巡察。新疆油田公司党委组织部门将意识形态工作纳入年终党建考核和领导干部述职评议考核，实现了各级党组织书记和委员抓意识形态工作述职评议全覆盖。党委宣传部门按照"四不两直"要求，每年组织意识形态专项督查，对 64 个机关部门和二级单位进行全覆盖督查指导，对问题项提出整改要求和完成时限，并下发意识形态问题通报，确保意识形态工作抓紧抓实。

4. 处理上问责

新疆油田公司党委根据市、油田相关问题通报，依据法律法规和相关制度，参照《党委意识形态工作责任制实施细则》所列的"九种问责"情形，对未能切实履行职责、造成严重后果的单位和个人启动追责问责程序，加大惩戒处置力度。根据责任轻重，对涉事单位主体责任、个人责任、主要责任和重要责任进行区分处置，采取约谈、通报、纪律处分、扣发奖金等方式进行严肃处理，形成了严格责任追究、倒闭责任落实的刚性利器。

（三）打好组合拳——行动上怎么干

方法手段创新是落实党委意识形态工作责任制的关键。新疆油田公司党委在教育实践上不断探索"金点子"，打好意识形态教育月、线上线下阵地双管控、去极端化警示教育系列"组合拳"，确保意识形态工作有特色、见实效。

1. 抓实教育月

新疆油田公司党委创新开展意识形态工作，自 2020 年起，将每年 9 月确定为意识形态警示教育月。聚焦突出问题，广泛开展全员思想警示教育，深入学习习近平总书记关于意识形态工作等重要论述、制度规定和舆情通报，教育员工时刻紧绷意识形态工作这根弦；大力宣贯网络行为"十不准"，要求员工不乱说，不妄议党中央大政方针，不诋毁、丑化领袖和英雄，不歪曲历史；层层签订"意识形态承诺书"；大力倡导自媒体"六不晒"，引导员工不乱发有害敏感信息，坚决筑牢各领域意识形态安全防线。聚焦薄弱环节，加强对新入职、离岗歇业、海外等员工群体的意识形态教育管控，有针对性地建立"一人一策"教育方案，定期走访、评估，及时关心、提醒，确保新疆油田公司意识形态工作不留死角、没有盲区。

2. 管好双阵地

坚持党管意识形态、党管媒体的政治原则不动摇，摸清阵地家底，对公司7大类100多种意识形态阵地逐一建立管理台账、风险清单和管控流程。强化线下阵地管理，严格落实各类教育基地、文化展厅、体育场所的意识形态责任，及时清理涉政治、民族、宗教、历史、文学等"问题出版物"和不当图片标语，强化宣讲课件、文艺节目、宣传展板、内部刊物的"三审三校"，确保线下阵地意识形态安全。强化线上阵地管理，不断规范新闻媒体采、编、审、播等流程；坚持"关口前移、预防为先""分层管理、分类施策"和"属地管理、协调联动"的原则，采取内部专项监测、外部合作监测和网评员辅助监测的三级网络舆情监测分析模式，建立"监测、预警、报送、发布、研判"长效机制，全面提升网络舆情管理水平；开展网络治理专项行动，建档管控各类互联网工作群，清理政治流毒等网络敏感信息和频道权限，推动形成良好网络生态。

3. 抵御极端化

严格落实企业规章制度，加强员工不信教引导和管理。各单位党委书记带头，层层签订"不信教承诺书"，实现承诺全覆盖。召开去极端化现身说法警示教育大会，层层组织"抵御极端、明辨是非"去极端化教育，开展三本白皮书专题宣讲和国家安全教育活动，组织参观反恐怖教育基地，编印

《警示教育案例汇编》，开展"发声亮剑"活动，撰写署名文章和学习体会，引导全体员工在反对"三股势力"、反恐维稳去极端化的斗争中旗帜鲜明、立场坚定，坚决不做"两面人"。

（四）筑牢防火墙——保障上怎么做

意识形态领域点多面广线长，仅仅依靠企业宣传思想部门单打独斗显然是不够的。要落实党委意识形态工作责任制，必须调动各方力量、运用各种资源、凝聚强大合力才能落地见效。新疆油田公司积极与上级部门和地方部门沟通协调，形成上下互通、横向联合、齐抓共管的意识形态工作新格局。

1. 研判机制化

新疆油田公司党委针对意识形态领域存在的突出问题和风险苗头，组织相关部门研究制定管控措施和应对预案。公司维稳指挥中心坚持"1716"风险研判机制（每日召开研判会；每7天提交研判专报；每月向公司通报维稳重点工作情况；每6个月向公司党委进行专题汇报），重点加强斋月期间和涉"三非""四泛"等信息的收集研判，及时向市委相关部门报送相关信息。新疆油田公司党委宣传部及时编发《网络舆情通报》《风险分析及应对报告》，强化对重点时段和重要敏感舆情的监测研判，认真组织突发事件新闻应急处置演练，坚决防止涉油气不良事件发生。

2. 网管专业化

按照"典型培养、骨干带动、末尾淘汰"的思路加强网军队伍建设，组建"公司—厂处—作业区—班组"四级网军队伍，常态化开展网络舆论引导、网络舆情检测、敏感信息举报工作。组织骨干网评员完成各级网评任务，新疆油田公司一基层班组还成为全国网络举报工作示范点。各级网军运用H5、微视频、"报道＋评论"等多种形式制作了一批融媒体产品，让石油正能量在网上更加强劲。

3. 企地联动化

强化内外协调，对上积极与集团公司宣传部门请示沟通，在重点舆情事件和意识形态领域问题处置过程中寻求指导,对内加强与新疆油田公司党委组织部、纪委巡察办、维稳信访办等专业部门联动,强化网格化管理,定期互通意识形态相关信息;对外深化企地联动,积极参加地方党委宣传部、网信办组织的协调会议,主动与地方公安局、国安局等部门沟通对接,第一时间掌握地方重要会议精神和重大决策部署,互通油地双方的敏感信息,协同处理网上网下各类涉油舆情事件和意识形态问题。依托地方优势资源,加大意识形态、审读等方面的培训力度,不断提高新疆油田思政干部的意识形态工作能力。

四、落实党委意识形态工作责任制的主要成效

新疆油田公司党委通过全方位、系统化的落实措施,牢牢掌握了意识形态工作的领导权、管理权和话语权,为企业的改革发展稳定营造了良好环境。

(一)提升了党员干部的政治"三力"

通过深入学习贯彻习近平总书记关于牢记"两个巩固"、掌握"三权"等系列重要讲话精神,层层贯彻落实党委意识形态工作责任制,新疆油田广大党员干部维护主流意识形态的思想自觉、政治自觉、行动自觉进一步增强,政治判断力、政治领悟力、政治执行力进一步提升;更加善于从政治的角度观察意识形态问题,更加善于用习近平新时代中国特色社会主义思想的世界观和方法论分析意识形态问题,更加善于用党纪和法治的手段解决意识形态问题,确保新疆油田意识形态工作的方向不偏。

(二)强化了相关部门的责任"三守"

通过贯彻落实党委意识形态工作责任制,新疆油田"一体化"的意识形态工作格局构建完成,分析研判、应急管控、常态监督、考核评价的工作机

制运转良好。新疆油田公司党委积极履行意识形态工作主体责任,各部门各单位敢抓敢管、敢于亮剑,做到守土有责、守土负责、守土尽责,坚决守好各自意识形态"责任田"。同时相互沟通,密切配合,改变了分散化碎片化管理和被动应对的不利局面,确保公司意识形态阵地安全可控。

(三)实现了新疆油田的内部"三稳"

通过大力宣贯落实党委意识形态工作责任制,采取政治思想教育、案例警示教育、文化阵地管理、媒体舆论引导、网络言论监测、专业队伍建设等综合治理措施,新疆油田进一步筑牢了各族员工团结奋斗的共同思想基础,进一步肃清了极端思想和错误观念的污浊之气,进一步改善了和谐稳定的发展环境。目前,员工队伍更加稳定,主营业务更加稳健,风险防控更加稳固。

五、落实党委意识形态工作责任制的感悟启示

思想理念是行动的先导,而意识形态工作本身就是一项思想性、理念性极强的工作。实践表明,面对层出不穷的意识形态新情况、新问题,全过程落实好党委意识形态工作责任制,不仅要在方法手段和基层实践上创新,更要在思维理念上创新。

(一)顶层设计上要有战略思维

新时代党的意识形态工作,面临的舆论环境越来越纷繁复杂,面临的形势变化越来越波诡云谲,面临的使命任务越来越艰巨重大,因此要坚持战略思维、胸怀大局、把握大势、着眼大事,从战略全局和发展大局的高度强化顶层设计,从围绕中心、服务大局的基本职责入手瞄准目标、找准定位。要坚持正确的政治方向、舆论导向和价值取向,因势而谋、应势而动、顺势而为,自觉在"两个大局"下想问题、作决策、防风险、促和谐,确保牢牢掌

握意识形态工作的领导权、管理权和主动权。

（二）舆论引导上要有辩证思维

要巩固马克思主义在意识形态领域指导地位，坚持辩证唯物主义的世界观和方法论，客观而不是主观地、发展而不是静止地、全面而不是片面地观察问题、分析问题、解决问题。要坚持"两点论"与"重点论"的辩证统一，既要抓本质抓关键抓重点，又要统筹兼顾。既要利用互联网弘扬正能量，又要净化网络生态稀释负能量；既要巩固壮大奋进新时代的主流思想舆论，又要旗帜鲜明地坚持舆论斗争；既要坚持正确的政治方向、政治立场，又要注意区分政治原则问题、思想认识问题、学术观点问题；既要理性对待员工群众合理的诉求关切，又要坚决抵制各种错误观点，决不给错误言论提供渗透传播渠道。

（三）应急处置上要有底线思维

越是在平安无事的时候，越要有居安思危的忧患；越是在重要敏感时段，越要保持如履薄冰的谨慎。既要从最坏处着眼，又要向最好处努力。要坚持负面清单制度，采取有效管用的方式，教育引导广大员工知道哪些是不可逾越的警戒线、高压线，触碰将产生何等危害、受到何种处罚。要有不怕一万、就怕万一的应对之策，切实做好突发舆情事件的应急处置预案，确保意识形态领域有备无患。

（四）抵御渗透上要有法治思维

随着人们的思想观念多元多样多变，各种利益分歧、矛盾冲突相互交织，只有法治才能有效整合各种张力，化解各种冲突。意识形态领域的重大问题或事件案件高度敏感，必须要运用法治思维和法治手段进行处理。特别是在新疆的特殊维稳时期，只有强化法治手段，才能依法打击"三股势力"的渗透破坏，才能保障员工群众的生命财产安全，维护新疆油田和地方的和谐稳定，确保新疆的社会稳定和长治久安。

（五）联动发力上要有系统思维

新时代党的意识形态工作是一盘纵横交错、千头万绪的大棋局，下好这盘大棋需要各条战线群策群力，也需要各个领域共谋共举。要系统而不是零散地分析、解决意识形态工作责任制落实问题，采取全方位、综合性、联动化的教育管控措施，发挥全要素联动、全过程管控的整体合力。要将意识形态工作责任分解明确，措施制定具体，机制保障完善，监督考核到位，追责问责严格，确保任务落实不马虎，阵地管理不懈怠，责任追究不含糊。

建设具有强大凝聚力和引领力的社会主义意识形态，牢牢掌握党对意识形态工作的领导权，全面落实党委意识形态工作责任制，是习近平总书记的政治重托。新疆油田将在习近平新时代中国特色社会主义思想和党的二十大精神指引下，按照集团公司决策部署，知难而进，迎难而上，持之以恒，久久为功，坚定不移地推动党委意识形态工作制落地落实，确保油田意识形态领域安全，为高质量建设世界一流两千万吨综合性能源公司、保障国家能源安全提供强大的思想政治保障。

（主研人：李　刚　范大平　韩玉彪　李　鹏　温邑平）

党委理论学习中心组
专题研讨"五个一"机制实践研究

华北油田公司

坚持以科学理论引领、用科学理论武装，是我们党永葆先进性、纯洁性的根本保证。党委中心组理论学习作为领导班子和领导干部在职理论学习的重要组织形式、提高政治能力和领导水平的重要途径，中国石油华北油田公司（以下简称"华北油田"）党委坚持以党的政治建设为统领，以政治学习为根本，以深入学习习近平新时代中国特色社会主义思想为首要任务，以掌握和运用马克思主义立场、观点、方法为目的，紧紧抓住党委中心组专题研讨这个关键，强化问题导向，注重实际成效，围绕中心、服务大局，知行合一、学以致用，依规管理、从严治学，探索总结形成"五个一"学习机制，实现书上学的、心里想的、手上干的有机统一，有效增强党委中心组理论学习的质量和效果，为推动企业高质量发展提供了强有力的理论引领。

一、目的意义

理论是实践的先导，思想是行动的指南。习近平总书记强调，理论修养是干部综合素质的核心，理论上的成熟是政治上成熟的基础，政治上的坚定源于理论上的清醒。从一定意义上说，掌握马克思主义理论的深度，决定着政治敏感的程度、思维视野的广度、思想境界的高度。面对新时代新任务新实践，决胜全面建成小康社会、夺取新时代中国特色社会主义伟大胜利，需要习近平新时代中国特色社会主义思想来指引，必须用党的最新理论武装全党、指导实践、推动工作。

（一）加强理论学习，切实学懂弄通做实，是履行党和人民赋予新时代重任的必然要求

习近平总书记强调，全党同志特别是各级领导干部，都要有本领不够的危机感，都要努力增强本领，都要一刻不停地增强本领。党和国家事业越发展，对党员干部的能力素质要求就越高。前进道路上，我们要从党的百年奋斗历程中深刻领会党的科学理论的真理力量和实践力量，深刻领会习近平新时代中国特色社会主义思想的核心要义、精神实质、丰富内涵、实践要求，从中悟方向、悟思路、悟格局、悟办法，胸怀"国之大者"，提高政治判断力、政治领悟力、政治执行力，深刻领悟"两个确立"的决定性意义，增强"四个意识"、坚定"四个自信"、做到"两个维护"，以过硬的素质和高强的本领，担负起党和人民赋予的重任，在以中国式现代化全面推进中华民族伟大复兴中贡献石油力量。

（二）加强理论学习，坚持深思细研笃行，是加快推动企业高质量发展的必然要求

党的创新理论是前进的旗帜、发展的方向和奋斗的动力。中国石油天然气集团有限公司（以下简称"集团公司"）党组多次强调，要把思想理论武装作为首要任务，努力做到学思用贯通、知信行统一，用马克思主义的真理光芒照耀建设世界一流企业发展之路。我们要始终把党委中心组理论学习作为大事要事来抓，摆上重要议事日程，学在深处、谋在新处、用在实处；始终抓住领导干部这个"关键少数"，上好理论武装这门"必修课"，练就过硬的"看家本领"；始终在党的创新理论中找方法、找答案，运用党委中心组"学理论、议大事、出思路、谋发展"这个重要平台，将学习成果转化为提升党性觉悟、思想境界和引领企业发展的精神动力和方向指南，推动石油事业不断从胜利走向新的胜利。

（三）加强理论学习，持续创新方式方法，是加强和改进党委中心理论学习的必然要求

党委中心组学习是加强党委领导班子思想政治建设的重要制度，是国有企业坚持和加强党的全面领导、全面从严治党的重要举措。我们要始终以创新改进的学习意识、与时俱进的学习追求，针对中心组理论学习存在的问题和瓶颈，勇于自我改造，发扬斗争精神，奔着问题去、揪住问题改，深入分析研究，创新思路方法，积极探索实践学习的新形式新手段新渠道，在增强理论学习的深度、广度和厚度上下功夫做文章，不断提高理论学习的指导性、实践性和推动性，真正实现书上学的、心里想的、手上干的三者有机统一，领导班子和领导干部的驾驭全局能力、科学决策能力、持续创新能力、引领发展能力全面提升，党委中心组理论学习的质量和成效全面提升。

二、现状问题

多年来，尤其是党的十八大以来，华北油田公司党委高度重视理论工作，始终把用党的创新理论武装干部员工作为统一思想、凝聚力量、激发动力的重要抓手，坚持领导干部理论武装重点学与员工群众理论普及广泛学相结合，采取切实有效措施，健全机制体制，整合各类资源，创新方式方法，综合运用多种平台载体、传媒手段，形成工作合力，构建起以党委理论中心组为主阵地、以华北油田党校讲师团为主渠道、以华北油田政研会为主平台的特色理论宣教体系。多年来，各级党组织坚持以习近平新时代中国特色社会主义思想为指导，充分发挥特色理论宣教体系优势效能，广大党员干部和员工群众不断从中汲取真理力量和实践伟力，抢抓历史机遇，迎难接续奋进，战胜风险挑战，彰显时代作为。

但客观审视、深入查摆，在党委中心组理论学习中还存在一些不足和短板，主要表现在以下三个方面：一是个别单位对理论武装的重要性紧迫性认识不够深刻，党委中心组专题学习制度不够健全完善，不同程度存在"说起来重要、干起来次要、忙起来不要"的现象。二是个别单位理论学习仍停留在表面，学习形式普遍存在一人读、众人听的现象，"泛学论""空学论""浅学论"不同程度存在。三是理论学习质量不够高，没有真正对标对表改革发展稳定等方面的问题，研判产生原因及影响因素，精准确定主要矛盾和矛盾主要方面，分析解决实际问题的能力有待提升。

进入新时代、站在新起点，面对中华民族伟大复兴的战略全局和世界百年未有之大变局，面对集团公司建立基业长青的世界一流综合性国际能源公司、华北油田公司打造千万吨当量综合能源公司的历史新使命，这既对理论武装提出了新的更高要求，也更加凸显理论武装作用的重大、责任的重大。

三、思路措施

专题研讨作为党委中心组集中学习的重要形式，是将理论与实践紧密结合的最有效载体。2021年以来，华北油田公司党委强化创新改进的学习意识、与时俱进的学习追求，坚持问题导向，注重成果转化，按照"想明白、理清楚、做扎实"思路要求，边研究边实践，既注重从理论层面进行系统科学的内因分析，又注重从实践层面进行方式方法的创新运用，总结形成的"学习一个专题、研究一个课题、明确一项举措、破解一项难题、推动一项工作"的"五个一"党委中心组专题研讨机制，较好地实现了学思用一体化闭环管理，做到学与思、知与行的有效衔接。

（一）学习一个专题，解决"散"的问题，实现学习的高度聚焦

理论武装是一项事关全局的基础性、战略性工作，特别是随着全面从严治党的不断深入，理论武装工作的地位更加突出，学习任务更重、标准更

高、要求更严,必须紧密结合新时代新实践,紧密结合思想和工作实际,注重专题性集中学习、系统性全面学习。党的创新理论是一个系统完整、逻辑严密的科学理论体系,只有专题系统学习才能深刻理解这一思想蕴含的新理念新思想新战略,准确把握彼此间的内在逻辑联系。党委中心组学习成员作为同级党委班子成员,统揽一域、分管一方、独当一面,提高政治思维、战略思维、辩证思维、创新思维能力,学什么、如何学是关键。华北油田公司党委坚持从高处把握、在实处着力、向深处推进,按照"学要精、要管用"的思路,重点围绕习近平新时代中国特色社会主义思想和上级重大决策部署,结合华北油田改革发展实际,精准提炼学习专题,采取"学习+研讨+培训"的形式,系统制定年度专题学习计划,根据不同时期学习新任务新要求,明确专题学习内容,紧扣中心深学细研,促进学习零散化向系统化转变。两年来,在常规理论学习的基础上,围绕贯彻落实党的二十大精神,增加了"双碳"发展、数字经济、CCUS技术等专题内容,实现了"学"与"用"的有机衔接,达到了以专题聚学习重点、以专题解工作难点的目的。

(二)研究一个课题,解决"用"的问题,落实学习的实践要求

深入研究思考是理论学习的必由之路,能否学以致用是检验学习成效的重要标准。毛泽东在《改造我们的学习》一文中指出,树立马克思列宁主义的学风,根本上就是端正有的放矢、实事求是的科学态度,理论和实际相统一。学习的目的在于应用,学是用的准备,用是学的归宿,学而不深、学而不用等于没学。坚持读原著、学原文、悟原理,往心里走、往深里走、往实里走,想问题、办事情、做决策都要从党的创新理论中找指引、找方法、找依据。华北油田公司党委把学习理论和指导实践统一起来,围绕理论学习专题,将事关企业全局性、战略性和前瞻性的重大问题、改革发展稳定的重点、难点、焦点问题,转化为研究式课题,通过专题学习调研、撰写发言提纲、集中组织学习、深入研讨交流、总结学习成果"五步推进法",形成了实践印证所掌握的理论、再用理论分析解决实际问题的良性循环,切实做到学在深处、研在真处、用在实处。课题研究是理论学习的持续深化，也是现实问题在理论上的科学回答。围绕落实全面从严治党、实施人才强企战略、提升勘探开发能力、打造提质增效"升级版"、整治形式主义为基层减负等重点任务，成立研究专班，开展多渠道调查研究，举办课题专题研讨，实现了学习与实践的相融互促，运用理论研究问题、解决问题的能力得到持续增强。

（三）明确一项举措，解决"实"的问题，确保学习的成效转化

理论武装题中之义就是强化理论对实践的指导作用，脱离实践从书本到书本、从文件到文件，是坐而论道、凌空蹈虚，不是源头活水、实践法宝。我们常批评理论学习存在为了学习而学习、学用"两张皮"现象就是指这种情形。如何把学习成效转化为推动工作的有力举措，华北油田公司党委坚持实践导向，以研究解决重大现实问题为着力点，围绕学习专题，以课题研究、深入思考、调查实践为牵引，在研究对策中深化对党的创新理论的认识，在深化理论认识中形成方向思路和政策措施，拿出推动工作的实招实策。集中学习过程中，通过采取重点发言和交流发言进行"靶向式"研讨交流，人人都把自己摆进去、把职责摆进去、把思想摆进去、把工作摆进去，结合公司全局和分管业务工作实际，悟思想、谈认识、讲思路、想办法，在互动中不断深化认识、碰撞中凝聚共识，群策群力、集思广益，切实把学习成果转化为干好工作、推动发展的有力举措。比如针对如何抓住难得的历史机遇推动新能源大发展，华北油田公司党委聚焦新能源战略落地，连续举办多层面专题研讨，定方向、提建议、献计策，在顶层设计和具体操作上，推出一系列风能、光能、地热和 BSK1 等新能源的实施举措，坚决把目标变成行动、蓝图变为现实。

（四）破解一个难题，解决"深"的问题，确保学习的高度厚度

理论学习有没有价值、是不是彻底，关键就看它直面问题的程度、解决问题的深度。华北油田公司党委理论中心组是学习的"风向标"和"排头兵",突出站位高、格局大、研判准、目标实,锚定企业发展的主要矛盾和矛盾的主要方面,坚持以重大现实问题为主攻方向,树立以实际问题为中心的研究方法,盯着改革发展重大问题去、迎着紧迫问题上,更好服务公司科学决策,为推动油田发展发挥思想库作用。通过专题学习、课题研究,以党的创新理论对表对标、指引方向,形成工作推进的具体举措,进而聚焦突出问题拿出实招硬招,在更深层次消瓶颈、补短板、破制约。站在新的历史方位,面对油田资源禀赋差、油气规模小、成本压力大、科技创新支撑不够、风险防控能力不足等诸多难题,带着问题学、联系实际学,从习近平总书记重要指示批示中体悟实践伟力,从党的创新理论中汲取方法智慧,从集团公司发展方略中寻找路径方法,不断把学习力转化为创新力、创新力转化为决策力。华北油田公司陆续实施了巴彦油田增储上产、煤层气跃升发展、新能源"343"战略、全系统风险防控、文化强企工程等一系列重大方略,以理论联系实际的"深度"、指导改革发展实践的"厚度",成为破解难题的"金钥匙"。

(五)推动一项工作,解决"干"的问题,确保学习的知行合一

学为基、用为要、干为本,是理论学习的根本原则。通过学习过程的递进和各环节的高质量运行,理论学习的最终目的,就是要落实到重点工作的创新实施上,把学到的真经、悟到的真谛自觉运用到实践中,以学促干、以干践行,转化为干事创业的过硬本领和强大动力,推动各项工作再上新台阶、开创新局面。始终把学习成果转化为高度的思想自觉、政治自觉、行动自觉,不断提高政治判断力、政治领悟力、政治执行力,以"开局就是决战、起步就要冲刺"的工作状态,干字当头、事不避难、勇毅前行。始终把学习成果落实在深刻领悟"两个确立"的决定性意义、做到"两个维护"上,落实在保障能源安全、履行责任使命上,落实在全面建设新时期新华北、奋进重上千万吨大油田上,实现了资源保障能力、风险防控能力、经营创新能力、综合竞争能力、协同发展能力、党建引领能力的全面提升。"为

学之实,固在践履"。积极把学习的真理感悟和强大的理论支撑,努力转化应对之策、有效之举和创新之道,解决了许多长期想解决而没有解决的难题,办成了许多过去想办而没有办成的大事,企业面貌、队伍风貌实现革命性重塑,安全根基、资源基础实现战略性巩固,发展动力、创新活力实现系统性提升。2022 年,华北油田公司实现"一个跨越、三个箭头向上、一个积极拓展",取得了近年来最好局面的可喜成绩,为全面建设新时期新华北、打造千万吨当量综合能源公司、奋力构建中国式现代化华北场景奠定了坚实的基础,华北油田迎来了新时代高质量发展新的里程碑。

四、基本原则

实践没有止境,理论创新也没有止境。对于国有企业,没有离开业务的政治,也没有离开政治的业务,始终在学习上舍得花精力,不断提高理论素养,这是国有企业加强党的政治建设的首要任务,也是衡量一名党员干部是否称职的首要条件。"五个一"专题研讨学习机制,无论是其内涵还是外延,既体现严谨学风,又蕴含科学方法,必须深刻掌握其内在逻辑、方式方法和实践要求,积极采取有效措施,持续全面深化、全面发力,使其成为新时代加强和改进理论武装工作的有力锐器。在前进的道路上,不断提高党委中心组理论学习的高水平、专题研讨的高质量,必须牢牢把握以下基本原则。

(一)坚持政治性,全面落实"第一议题"制度要求

"第一议题"制度是全面从严管党治党、在思想建党和理论强党上的又一制度创新,是提升企业政治建设水平、强化国有企业政治导向、淬炼党员干部思想的重要途径。落实"第一议题"制度是党委中心组理论学习的首要政治任务,也是"五个一"学习机制"第一要求"。坚持以政治学习为根本,提高政治站位、强化政治意识、把准政治方向、提升政治能力,第一时

间传达学习习近平总书记最新重要讲话、重要指示批示精神和重要文章，及时贯彻集团公司党组、河北省委重要决策部署，做到应学必学、应学尽学、应学立学，形成学习研究、督办立项、建立台账、推进落实、督促检查、考核评估、整改提升的"第一议题"落实机制。

（二）坚持指导性，紧紧抓住"专题研讨"关键环节

专题研讨是将学习成果转化为工作理念、思路和举措的关键。始终把专题研讨作为党委中心组学习的重要形式，坚持日常学习研讨与重点专题研讨相结合，紧扣改革发展重大任务，精心设计专题、科学遴选课题，充分体现现实指导性，认真制定研讨运行安排，按照"五步推进法"精心组织。党委书记作为理论学习中心组组长要履行第一责任，认真研究确定专题课题，以身作则、示范带动，带头学理论、带头讲理论、带头用理论，带头开展碰撞式、互动式、启发式交流，引导学习成员在解放思想中开阔思路、在深入研讨中形成共识，思想向中心聚焦、行动朝大局聚力。

（三）坚持实践性，深入推进"过程督办"成果落实

理论学习如果只停留在口头上、写在纸面上，就是空中楼阁。做好理论学习成果靠实落地"后半篇文章"，以指导实践、破解难题、推动工作、促进发展为目标，建立党委中心组理论学习成果落实督办机制。每个专题学习后，形成一揽子推进计划和落实举措，纳入公司"大督办"体系，明确责任领导、责任部门、完成时限，实行消项式闭环管理。压实各级学习责任，深化党的创新理论"四进"工程，重点以党委中心组抓实两级班子学习，党支部"三会一课"抓实党员学习，"理论宣传宣讲"抓实员工群众学习，学习内容分类指导，学习形式因地制宜，学习效果落地有声，确保理论学习可跟踪、可追溯、可检验。

（四）坚持质效性，着力抓实"监督检查"过程管理

须抓好党委中心组理论学习是一项严肃的政治任务，必须从全面从严治

党的高度加强理论学习的监督检查，不断提高学习的制度化规范化。始终把落实"第一议题"制度，贯彻习近平总书记重要讲话和指示批示，作为党委巡察和纪委督查的首要任务，在"政治体检"中发现的问题，拧紧思想"螺丝"，上紧认识"发条"。全面推行以导学、述学、督学、评学、考学为主要内容的"五学联动"督学机制，持续跟踪学习落实进度，定期参加二级单位学习研讨，定期调阅学习资料，定期评估学习效果，坚决整治学习中的形式主义，变结果管理为过程管理，推动理论学习持续走深走实。

（五）坚持精准性，严格执行"考核问责"评价机制

理论学习只有指标实起来、考核严起来、手腕硬起来，抓兑现敢问责，学习才能内有动力、外有压力。坚持把党委中心组集中学习研讨纳入日常工作检查、党建工作责任制检查、意识形态工作责任制专项检查范围，采取定量考核与定性考核、线上考核与线下考核、过程考核与结果考核相结合，重点从落实学习任务、提升思想认识、推出工作举措、解决实际问题、实现创新突破等维度进行全方位评价。考核结果不应用，等于没考核。必须将考核结果与年度组织绩效、个人绩效和经营业绩挂钩，对思想不重视、责任不到位的严格追责，以考核问责倒逼理论学习专题研讨的责任落实。

"一个民族要想站在科学的最高峰，就一刻也不能没有理论思维"。我们党一向重视思想建党、理论强党。理论上坚定成熟，就会迸发出无穷的创造力量。严格落实党委中心组专题研讨"五个一"学习机制，涵养政治定力、炼就政治慧眼、恪守政治规矩，历练坚定的意志力、塑造强大的战斗力，为华北油田高质量发展提供重要保障。

（主研人：孙明旭　许德杰　刘　龙　杜一博　王　伟

王基地　吕　礼　王　飞　谢　伟）

深入开展主题教育活动
推动世界一流企业建设实践研究

渤海钻探公司

近年来,党中央、国务院高度重视国有企业合规管理。2014年,党的十八届四中全会审议通过的纲领性文件《中共中央关于全面推进依法治国若干重大问题的决定》强调,坚持法治国家、法治政府、法治社会一体建设。2015年,中共中央、国务院印发《关于深化国有企业改革的指导意见》,强调要"进一步发挥企业总法律顾问在经营管理中的法律审核把关作用,推进企业依法经营、合规管理。中国石油天然气集团有限公司(以下简称"集团公司")要依法依规、尽职尽责加强对子企业的管理和监督"。同年,国务院印发《关于改革和完善国有资产管理体制的若干意见》,强调把合规经营纳入考核指标体系,要建立健全国有企业违法违规经营责任追究体系。2016年,国务院办公厅印发《关于建立国有企业违规经营投资责任追究制度的意见》,明确了10个方面54种追责情形,并对资产损失认定、违规经营投资责任认定、责任追究处理等标准、方式、程序作出明确规定。2018年,习近平总书记在中央全面依法治国委员会第二次会议上指出,"要强化企业合规意识,走出去的企业在合规方面不授人以柄才能行稳致远"。2021年,十三届全国人大四次会议表决通过的关于国民经济和社会发展第十四个五年规划和2035年远景目标纲要的决议在"形成强大国内市场,构建新发展格局"中明确指出"引导企业加强合规管理"。

国有企业是中国特色社会主义的重要物质基础和政治基础,是我们党执政兴国的重要支柱和依靠力量。2022年是中央企业"合规管理强化年",要求中央企业必须把强化合规放到贯彻习近平法治思想的高度来认识,放到落实全面依法治国战略的全局来部署,放到保障企业高质量发展的层面来推动。中国石油作为国有重要骨干企业和国内最大的油气生产供应企业,在保障国家能源安全、参与全球能源治理、提升中国企业国际竞争力和话语权等方面肩负着重大责任,必须在落实全面依法治国战略部署,强化依法治企、合规管理上走在前列、作出表率。

一、深入开展主题教育活动,突出依法合规管理,推动世界一流企业建设的重要意义

"抓生产从思想入手,抓思想从生产出发",是中国石油的优良传统。以"转观念"为思想先导,"勇担当"为行动彰显,"强管理"为重要举措,"创一流"为奋斗目标的主题教育活动,为中国石油渤海工程公司(以下简称"渤海钻探公司")深入贯彻习近平法治思想,落实全面依法治国战略部署,深化法治央企建设,加强合规管理,切实防控风险,有力保障深化改革与高质量发展。

(一)学习贯彻习近平法治思想的政治任务

以习近平总书记为核心的党中央高度重视法治工作,把全面依法治国纳入"四个全面"国家战略布局,将习近平法治思想确立为全面依法治国的指导思想。集团公司党组把"坚持依法合规治企"纳入"四个坚持"兴企方略,对落实"合规管理强化年"、建设世界一流法治企业作出重点安排。深入开展中国石油2022年主题教育活动就是要坚持加强政治理论学习,始终坚持用习近平新时代中国特色社会主义思想武装头脑、指导实践、推动工作,

深入学习贯彻习近平法治思想，深化理解领悟和把握，聚焦学思用贯通、知信行统一持续用力，充分发挥渤海钻探公司党委领导作用，落实全面依法治国战略部署有关要求，把党的领导贯穿合规管理全过程，切实推动学习贯彻习近平法治思想不断走深走实。

（二）强化合规意识、法治思维的基础工程

打造"治理完善、合规经营、管理规范、守法诚信"法治央企目标，必须在尊法学法守法用法上践行知行合一，把诚信守法视为企业的第一生命，始终在法律、制度的框架范围内履行职责、开展工作，不逾底线、不踩红线，运用法治思维、法治方式和精益管理方法推动业务发展、改革创新、管理提升等重点工作任务。深入开展主题教育活动就是要持续强化合规意识、法治思维，坚决克服法治意识淡薄、遵纪守法不严、不按制度流程标准办事等现象，通过法治专题学习、业务培训、加强宣传教育等，多方式、全方位提升全员合规意识、法治思维，营造合规文化氛围，教育引导广大党员干部员工把思想和行动统一到"合规管理强化年"的各项安排部署上来，智慧和力量凝聚到持续推进渤海钻探公司高质量发展上来。

（三）实现依法治企、合规经营的前提保障

依法治企、合规经营，要把合规管理要求嵌入经营管理各领域各环节，贯穿决策、执行、监督全过程，落实到各部门、各单位和全体员工，实现多方联动、上下贯通。按照"管业务必须管合规"要求，明确业务及职能部门、合规管理部门和监督部门职责，严格落实员工合规责任，对违规行为严肃问责。建立健全符合企业实际的合规管理体系，突出对重点领域、关键环节和重要人员的管理，充分利用大数据等信息化手段，切实提高管理效能。深入开展中国石油 2022 年主题教育活动就是要聚焦依法治企、合规经营，层层宣讲、广泛研讨，对标对表、查改问题，以"合规管理强化年"活动为契机，拿出刀刃向内的勇气，增强正视问题、直面问题、解决问题的自觉，摸

实情、出实招、干实事、求实效。

（四）做到防控风险、争创一流的重要举措

一流的企业必须要有一流的法治工作为保障，依法治企、合规经营是防范违规风险的第一道关口。当前，国有企业改革发展面临的国内外环境和风险挑战日趋复杂严峻，依法治企、合规经营的要求越来越高，必须加快提升依法合规经营管理水平，确保改革发展各项任务在法治轨道上稳步推进。深入开展主题教育活动就是要教育引导广大党员干部员工，持续在"经营上精打细算、生产上精耕细作、管理上精雕细刻、技术上精益求精"上发力。弘扬以"苦干实干""三老四严"为核心的石油精神和大庆精神铁人精神，把渤海钻探公司"见红旗就扛、见第一就争"的争先文化落实到队（站）、班组、岗位，对标国际国内一流水平，找差距、补短板、强优势，推动渤海钻探公司高质量发展上台阶、开新局。

二、深入开展主题教育活动，突出依法合规管理，推动世界一流企业建设的工作成效

渤海钻探公司持续推进主题教育融入公司生产经营全过程，多种形式保持宣传教育全年不断线，充分发挥宣传思想文化工作优势作用，突出依法合规管理固本强基，坚持政治引领、坚持围绕中心、坚持面向基层、坚持对标提升、坚持注重实效，助推合规管理水平全面提升，进一步筑牢高质量发展根基。

（一）深入学习、统一思想，提高依法合规管理政治站位

坚持把深入学习贯彻习近平总法治思想作为主线，及时跟进学习习近平总书记最新重要讲话、重要指示批示精神和重要文章，系统学习党和国家的法律法规、政策规定，全面学习企业管理知识和先进管理经验，贯穿主题教

育活动全过程,学以致用、学用结合。两级党委严格落实"第一议题"制度和党委理论学习中心组学习制度,建立并实施习近平总书记重要指示批示精神贯彻落实体制机制、党史学习教育常态化长效化机制,深刻领悟"两个确立"的决定性意义、做到"两个维护"。坚持党对国有企业的全面领导这一重大政治原则,把加强党的领导和完善公司治理统一起来,坚持"两个一以贯之",修订渤海钻探公司章程,突出党委在治理结构中的法定地位。修订"三重一大"决策制度、公司党委工作规则,党委把方向、管大局、保落实领导作用有效发挥,依法合规治企的管理体系和有效管控各类风险的长效机制不断完善。党支部运用"三会一课"、主题党日、"微党课"等多种形式,组织全体党员开展学习,统一思想认识,强化责任担当,自觉发挥先锋模范作用。基层队(站)、班组利用岗位培训、班前班后会等形式,结合岗位实际,组织全体员工开展学习,执行法律法规、规章制度的政治自觉、思想自觉和行动自觉不断增强。

(二)层层宣贯、广泛研讨,加强依法合规管理思想认识

加强合规文化培育,把建设合规文化列入公司文化引领工作重点任务,与弘扬"四特精神"、践行争先文化紧密结合,有的放矢,贴近实际,开展集中宣讲,党政主要领导带头讲,班子成员结合分工讲,机关干部深入一线讲,组织优秀党员、劳模先进、技能专家示范讲,鼓励员工立足岗位讲,充分运用"报台网端微"全媒体矩阵同步宣讲,创新机关大讲堂、网络互动、动漫视频等员工喜闻乐见的形式,把公司依法合规管理新政策、新要求、新任务层层传递到基层一线、岗位前沿,全体员工依法合规、守法诚信的意识进一步增强。以党支部为单位,组织全体党员干部员工开展解放思想大讨论,围绕"强管理"这个关键主题词,突出依法合规管理,提质增效价值创造目标要求,谈认识体会,谈责任目标,谈思路举措,深挖在依法合规管理上存在的思想观念差距,查摆在依法合规管理上的痛点难点堵点问题,研讨推进提升依法合规管理的着力点落脚点,"从严管理出效益、精细管理出大

效益、精益管理出更大效益",全员守法诚信、合规经营意识不断增强。

(三)对标对表、查改问题,强化依法合规管理组织推动

深入结合"合规管理强化年"活动,按照"管业务必须管合规"的原则狠抓责任落实,动员广大党员干部员工层层查摆、岗岗查摆、人人查摆。对照集团公司精益管理要求和"四精"管理理念,对照法律法规、规章制度,查找管理上存在的问题和不足。突出招标管理、合同管理、物资管理、财务结算、承包商管理等重点领域合规风险防范治理,全面开展自查自改。自查自改坚持自上而下、突出重点,一级查摆一级的问题,认真梳理总结、分析症结根源、列出问题清单。注重联系实际,查实查深、找准要害,既查单位在管理上的问题,又查个人在管理上的不足,既查基层的管理问题,又查机关的管理问题;既查制度流程方面的问题,又查执行上的问题;既对照先进典型找不足,也对照反面案例及教训举一反三。渤海钻探公司依法合规治企从以企管法规部门为主向各部门各司其职、齐抓共管转变,重点在完善依法决策机制、健全制度体系、突出制度执行、强化重大事项法律参与和合同全过程管理等方面协同发力,加快补短板、强弱项,逐步形成了依法合规治企的管理体系和有效管控各类风险的长效机制。

(四)全员行动、岗位实践,赋能依法合规管理提质增效

把强化依法合规管理融入提质增效专项行动,把主题教育活动与推进基层党建"三基本"建设与"三基"工作有机融合相结合,推进依法合规管理进基层、进一线。以"四强化、四提升"主题实践活动为载体,"一支部一特色"创建为强有力抓手,通过党员设岗定责、承诺践诺、立项攻关、结对帮扶和党员先锋工程、党员示范岗等,充分发挥党支部战斗堡垒作用和党员先锋模范作用。各级工会、共青团组织持续推进依法合规管理常态化、规范化为要求,广泛发动、创新方式,结合实际开展群众性知识答题、演讲比赛、合理化建议等活动。引导和激励广大党员干部员工从岗位做起、从自身

做起，全员发力、全员攻坚，做到事事有人管、人人有专责、办事有标准、工作有检查。聚焦到依法合规管理的重要举措上来，完善基层组织集体决策制度，强化基层组织集体决策监督，严格落实基层党务公开、厂务公开制度，明确公开的具体内容、主要形式和公开范围，深化创新党务公开、厂务公开民主管理，充分运用法律途径维护企业正当权益，依法妥善解决纠纷案件。聚焦到治理基层"微腐败"上来，紧盯侵害漠视员工群众利益的行为，重点关注考勤、薪酬、伙食费以及油料、物资管理领域，持续发力整治员工群众身边的腐败问题，深入开展"反内盗"行动，有效杜绝公司权益的"跑冒滴漏"。

严格标准化管理

（五）制定方案、整改提升，提升依法合规管理能力水平

把提升依法合规管理能力水平的实际成效，作为检验主题教育活动的重要标准，坚持边查边改，整改提升要切合实际、有针对性，突出重点、有时效性，及时总结推广整改提升的好方法、好经验、好典型，把成果展现出来、传播出去，让亮点成经验，把经验变制度。针对查摆出的管理问题，以及巡察、审计和平时工作中发现的管理问题、短板、弱项，分类进行梳理，逐项研究制定改进措施和整改方案，改进措施注重可操作性，指标量化，明

确时限，落实责任主体、责任人和责任分工，实施清单化、闭环式整改和销项管理。健全制度体系，及时组织制度"立改废"，废止修订完善了招标管理办法、谈判采购管理办法、法律顾问制度、重大涉法事项法律论证管理办法等一批规章制度，有效夯实了依法合规治企的制度基础。强化风险防控，完善风险管理机制，深入开展重大风险评估，加强风险事件分析管理，有效防范化解了风险。加强重点领域管控，深入开展严肃财经纪律、依法合规经营综合治理专项行动，加大招标、合同、物资管理等重点领域管控力度，阳光透明选商，严肃处理失信行为，切实为渤海钻探公司避免和挽回了经济损失。

依法合规经营是企业高质量发展，推动世界一流企业建设的基础，如果违规问题缠身、风险漏洞丛生，高质量发展就无从谈起。近些年，虽然我们做了不少工作，但客观来看，问题依然不少，主要表现在以下四个方面：

一是依法合规意识不够强。有的单位依然存在重生产经营业绩、轻依法合规管理的问题，习惯抄近路、走捷径；有的单位和个人未能牢固树立"全员合规"和"管业务必须管合规"的理念，认为"合规工作只是合规管理部门和合规管理人员的事，与自己无关"；部分领导干部和员工学习法律法规的意愿不强，对新出台的法律法规不能及时学习掌握，并落实到工作中。

二是风险识别和评估不到位。在开展风险识别和评估方面，与生产经营实际工作有效结合不到位。

三是依法合规管理力量还有所欠缺。合规管理队伍力量不足，尤其是具有法律从业资格的人员、从事合规管理的人员，以及熟悉国际规则和国际市场法律法规的人员，在数量和质量上与渤海钻探公司发展需求相比尚有欠缺。

四是依法合规管理制度化、制度流程化、流程信息化尚未有效落地。在制度管理方面，部分制度立改废不及时，未能及时有效体现国家法律法规、上级政策部署。在流程管理方面，一些制度未能及时转化为流程，一些流程与具体业务工作结合不够紧密、操作性不强。在信息化方面,一些流程未能实现信息化管控,操作起来效率不高。

以上这些问题需要我们高度重视、靶向发力、精准施策、有效解决。

三、深入开展主题教育活动,突出依法合规管理,推动世界一流企业建设

不断开创高质量发展新局面,推动世界一流企业建设,必须固本强基,加强企业管理。深入开展主题教育,必须把精益管理作为永恒追求,紧紧围绕依法合规管理重点工作任务要求,切实发挥宣传思想文化工作优势,不断提升管理科学化、规范化、法治化水平。

(一)始终把坚持党的领导贯彻到依法合规管理全过程

要确保依法合规治企始终沿着正确道路前进,就必须坚决贯彻"两个一以贯之"要求,把加强党的全面领导与完善公司治理统一起来,坚持全面从严治党与加强法治企业建设结合起来,积极推进中国特色国有企业制度建设,在完成党建工作进章程、明确党组织在公司治理中法定地位的基础上,进一步规范党委、经理层议事规则,严格执行"三重一大"决策制度,落实民主集中制,落实重大决策合法合规性审核把关机制,做到依法决策、科学决策,切实发挥党委"把方向、管大局、保落实"的领导作用。统筹把握法治建设的方向和原则,党委从顶层和战略层面推进法治建设,法治建设领导机构定期研究、统筹协调和督导检查法治工作实现常态化。把法治建设纳入高质量发展战略纲要、"十四五"规划和年度重点工作统筹谋划、一体推进,定期听取法治合规情况汇报,逐步建立起主要负责人履行推进法治建设第一责任人职责的工作机制及组织体系、制度体系和考核评价体系,法治建设取得积极进展。

(二)始终把学习贯彻习近平法治思想作为依法合规管理的重要内容

各级党组织要深入贯彻落实习近平总书记全面依法治国新理念新思想新战略,深入推动宪法、民法典学习和宣传贯彻工作,把法律法规、政策制度等列入两级党委中心组学习内容,并作为全员培训的必修课,引导广大党员干部员工读原著、学原文、悟原理,做到学思用贯通、知信行合一,切实把理论学习成果转化为推进依法合规治企的实际成效,坚定不移推动习近平法治思想在渤海钻探公司扎根落地。

(三)始终把发挥各级领导干部表率作用作为依法合规管理的重要任务

首先,各级领导干部要切实转变思想观念、增强依法合规定力,无论面对的诱惑有多大,无论经营发展的压力有多大,无论是为单位还是为个人,都必须摒弃违法违规图省事、抄近路的冒险做法,都必须根除徇私枉法、以权谋私的危险想法,守住底线、不触红线。其次,要发挥"领头雁"作用,带头遵守法律法规、行业规章、企业规章制度,以上率下、率先垂范,把学法学规作为必修课程,把遵法守规作为基本底线,把用法用规作为领导方法,带领全体干部员工依法合规治企。最后,要不断完善中心组定期专题学法、定期听取法治建设汇报制度,进一步将法治素质评价作为选任干部的重要内容,建立实行干部任前法治谈话、述职必述法等机制,切实提升各级领导干部法治素质。

(四)始终把合规文化建设作为依法合规管理的重要支撑

一是加强合规教育。结合"八五"普法工作,将合规管理作为法治宣传教育重要内容,通过签订合规承诺、开展合规宣誓等方式将合规理念传达给全体员工,教育引导广大党员干部员工强化全员守法诚信、依法合规意识,从言到行树立依法合规形象。

二是加强合规培训。加大对干部员工的培训力度,将合规管理作为领导干部初任、重点合规风险岗位人员业务培训、新员工入职必修内容，提高依法合规履职能力。

三是加强合规宣贯。充分利用各种媒介、采取多种形式，大力宣传法律至上、合规为先、诚实守信、依法维权的理念；要努力扩大宣传的辐射面，将合规理念传达到每一名员工，努力形成合规为荣、违规为耻、人人合规的良好氛围，为渤海钻探公司实现高质量发展，推动世界一流企业建设，筑牢坚实的法治支撑和保障。

（主研人：吴永刚　徐恩宏　李　洋　罗永华　耿修梁　臧孝宇）

"一带一路"倡议下世界一流企业品牌形象构建

东方物探公司

习近平总书记指出，"国有企业要成为实施走出去战略、'一带一路'建设等重大战略的重要力量""要加快建设一批产品卓越、品牌卓著、创新领先、治理现代的世界一流企业"。根据党中央和中国石油天然气集团有限公司（以下简称"集团公司"）创建世界一流企业的重大部署，中国石油集团东方地球物理勘探有限责任公司（以下简称"公司"，英文简称BGP）在加快建设世界一流企业上当先锋、走在前，把世界一流品牌建设置于"一带一路"建设伟大实践，以"国之大者"的胸怀担当、以"共商共建共享"的格局理念、以"共建人类命运共同体"的高远视角，着力打造以中国式现代化为特征的世界一流物探企业品牌，以品牌力量引领和推进高质量发展。

一、构建世界一流物探企业品牌形象的重要意义

加快公司企业世界一流品牌形象建设，对于贯彻落实党中央重大部署要求、深入参与"一带一路"建设、服务公司率先打造世界一流企业，具有现实而深远的意义。

（一）构建世界一流企业品牌形象是公司坚决贯彻党中央重大部署、坚定履行为国找油找气责任使命的根本要求

党的二十大报告提出："完善中国特色现代企业制度，弘扬企业家精神，加快建设世界一流企业。"党的二十大擘画了中国式现代化建设的蓝图，作为国有企业，公司如何发挥好顶梁柱、压舱石作用，中国式一流企业品牌如何创建，是公司奋进新征程上面临的重要任务。公司必须始终牢记为国找油找气、服务保障国家能源安全的崇高使命，坚决贯彻习近平总书记关于大力提升国内油气勘探开发力度、把能源的饭碗牢牢端在自己手里等重要指示批示精神，锚定建设世界一流企业目标，推动生产模式和产业组织方式创新，全方位提升产品服务质量和客户满意度，切实增强品牌影响力和竞争力，推动品牌价值链从低端向高端前移，同步构建东方物探世界一流企业品牌形象。

（二）构建世界一流企业品牌形象是公司实施"走出去"发展战略、担当"一带一路"建设主力军的必然要求

党的二十大报告指出，推进高水平对外开放，推动共建"一带一路"高质量发展，深度参与全球产业分工和合作。国有企业是推进高水平对外开放、推进"一带一路"高质量发展的重要力量。随着"一带一路"建设的深化，面对百年未有之大变局、世纪疫情以及国际能源危机潜在威胁相互叠加影响，沿带沿路国家营商环境、市场竞争环境、油气勘探条件愈加复杂，满足客户需求及在作业国履行环境、社会责任等方面将更加严格。公司要继续高质量服务沿带沿路国家油气勘探市场，取得客户和作业国的高度信赖和支持，必须以更高的标准，以世界一流企业的担当，发挥优势，补齐短板，维系与客户和作业国政府的良好关系，创建真诚并值得信赖的世界一流物探企业品牌形象，让 BGP 品牌在"一带一路"高质量发展中绽放更加绚丽的光彩。

（三）构建世界一流企业品牌形象是公司增强全球核心竞争力、实现高质量发展的内在要求

党的二十大报告提出："高质量发展是全面建设社会主义现代化国家的首要任务。"落实这个首要任务，国有企业义不容辞，必须在加快建设世界一流企业中更好地推动高质量发展。前进道路上，公司必须深入贯彻落实党的二十大精神，坚定决心信心，坚持问题导向，坚持系统观念，坚持稳中求进，坚持改革创新，融入新发展格局，走全面国际化发展之路，不断丰富发展世界一流企业品牌崭新内涵，全方位发力世界一流企业品牌形象建设，创新东方物探品牌形象规划、管理与传播，助力全面实现率先打造世界一流企业目标任务。

二、东方物探品牌形象分析和定位

构建东方物探世界一流企业品牌形象，需要对公司自身优劣势、目前所处的市场方位等进行全面分析，从而有针对性地制定世界一流企业品牌形象构建策略和路径。从调查分析看，公司品牌形象有明显优势，但亦有相对不足，主要表现在以下几个方面：

（一）东方物探品牌形象主要优势

1. 综合实力和一体化技术服务能力强

调查显示，针对"您认为公司在海外参与市场竞争有哪些独特优势？"问题，选择最突出的是"集团公司支持""国家战略引领""一体化作业优势"三项。公司发展七十多年来，坚持立足国内、发展国际，依靠独特的政治经济优势和集团公司在全球的影响力，全力打造以勘探油气资源为核心业务，集油气勘探、资料处理解释、信息技术服务以及物探装备、软件研发制造等业务于一体的全产业链国际化技术服务公司，奠定了世界一流企业品牌形象的基石。

2. 始终保持箭头向上的良好发展势头

公司始终坚持全面提升国际化运营能力，生产经营实现弯道超车、逆势上扬。面对百年未有之大变局、世纪疫情、能源行业加速转型叠加挑战，公司跑出了"东方速度"，实现跨越式发展。在全行业投资下滑、市场萎缩、企业经营亏损、降薪裁员的"寒冬"里，东方物探逆势上扬，保持了昂扬向上的发展态势，使客户对BGP品牌充满信心，品牌形象更加亮眼。

3. 具有较强的技术创新驱动力

针对"您认为公司世界一流企业品牌形象包括哪些内涵？"问题，调查结果显示，95.81%的员工选择"技术领先"；92.75%的员工选择"质量过硬"。公司发展史就是一部砥砺奋进、敢为人先的科技自立自强史，公司聚焦客户需求和行业前沿，加大攻坚力度，核心技术不断实现从"跟跑""并跑"到部分"领跑"的跨越，以技术的突破拉动市场开发、提升质量效率、彰显品牌形象。

4. 成为"一带一路"对外合作共赢标杆

针对"您最认可BGP哪些企业品质？"问题，外籍雇员认为最重要的是"以人为本、平等尊重""立诚守信、言真行实"两项。公司35年国际业务的实践历程，积极参与"一带一路"建设，干一个项目树立一座丰碑，为全球油气勘探提供了中国智慧、中国方案，为BGP品牌形象注入了更多的责任感与感召力。

5. 拥有一支敢打硬仗的高素质国际化人才队伍

公司以人才为第一资源，培养形成了一批高级技术、高端管理和政治过硬的领军人才队伍，东方物探人以忠诚担当的政治品格、精益管理的职业素养、精湛专业的物探技术、卓越超值的服务，赢得客户的信赖和尊重，成为BGP品牌形象中最富活力、最有情感和亲和力的要素。

6. 强化中国国企的独特优势

公司牢记石油物探事业是党、国家、人民的事业，始终坚持和加强党的全面领导，坚持把党的政治优势、组织优势转化为发展优势、竞争优势，传承红色基因，在石油精神和大庆精神铁人精神的感召下培育形成了独具特色的先锋文化，永不服输、永争一流，始终保持越是艰险越向前的奋斗姿态，成为引领公司事业不断前进的强大精神动力和力量源泉。

（二）东方物探品牌形象的差距和不足

1. 需要进一步强化国际化运营能力，提升公司全面国际化品牌形象

公司虽然国际化指数达到 60%，但公司运营体制、制度体系，以及对外合作的模式等方面国际化程度尚待提升；国际化高端人才相对不足，员工队伍语言、技术、管理、沟通等素质能力整体偏弱，市场化的用人和激励机制还没有全面形成，离"治理现代"还有一定差距，由此呈现出较明显的国企"中国公司"特征，需要着力推动业务国际化向公司国际化升维，进一步提升全面国际化公司的品牌形象。

2. 需要进一步强化创新驱动，提升公司核心竞争力

公司是全球唯一一家具有全产业链竞争优势的公司，但仍然存在各产业链发展不均衡问题。公司具备全产业链服务能力，但长期以单一项目合同化服务模式为主，部分项目无法形成合力为客户提供优秀的一体化解决方案，覆盖全业务链的技术支持保障体系还不够完善。公司部分技术处于"领跑"地位，但部分关键核心技术和装备不足，需要积极优化科技资源配置和研发投入结构，加强关键"卡脖子"技术的科技攻关，加强海上震源等设备自主研发，加快弥补处理解释技术和软件方面短板，积极参与国际标准制定，努力成为行业新技术的开发者和标准制定者，全面引领行业科技发展。

3. 需要进一步强化管理，提升公司品牌价值

针对"您认为公司在全球市场竞争中哪些方面亟待重点加强？"中外员工选择率最高的均是"市场及客户管理能力"。调查认为，公司需要提升回应客户需求能力，注重语言能力与沟通技巧，深挖客户核心需求，以目标为导向，根本解决客户实际问题，提高公司"以客户为中心"的服务型品牌形象。同时，从目前客户对公司的满意度看，客户对部分管理程序及表现、社会关系及满足需求、技术创新等，评价相对较低。

4. 需要进一步强化品牌形象管理和传播，提升公司品牌建设水平

针对"公司品牌形象建设哪些方面需要加强？"问题，66.86%的员工选择"提升品牌推介传播能力"；针对"你认为公司品牌形象建设最突出问题是什么？"问题，选择第一位的是"品牌形象对外推介、传播力度不够、渠道单一"。提升社会公益、树立良好企业形象、提升跨文化管理能力、提升品牌推介传播能力、加强品牌视觉识别系统建设这五个方面普遍得分较低，还存在提升空间。公司缺乏全面的品牌战略规划及科学有效的品牌管理，品牌定位与识别不清晰，品牌推广针对性不强，特别是品牌国际传播渠道单一、能力偏弱。

（三）东方物探品牌形象定位

1. 东方物探品牌发展阶段定位

在公司长达 30 多年的国际化、全球化发展进程中，公司品牌形象的核心要素达到了世界一流的水准。调研显示，91% 的国际业务中方员工、92.8% 的外籍雇员认为公司品牌知名度、美誉度处于"较高、较好"以上，其中 60% 以上员工认为"非常高、非常好"。

对全球客户的调查 [评价等级为：Excellent（优秀）为 5 分；Good（良好）为 4 分；Average（一般）为 3 分；Fair（及格）为 2 分；Poor（不合格）为 1 分。] 显示，综合评价公司品牌认知度为 4.68 分，与 BGP 合作的意愿 4.59 分，与其他公司的竞争能力 4.62 分，愿意推荐给同行公司 4.64 分，综合满意度 4.50 分，此 5 项得分均达到平均分值以上，体现出公司综合实力得到客户认可，在同质竞争中更加得到甲方青睐，能够较直观反应公司在全球行业中的品牌价值和形象。

根据前期调研评估，BGP 品牌形象总体得分 4.56 分，初步具备了世界一流企业品牌形象的基本特征。课题组认为：与 BGP 综合实力及在全球油气勘探市场地位相适应，BGP品牌形象已经跨过"一般企业品牌阶段"和"知名企业品牌阶段"，进入"世界一流企业品牌阶段"。

2. 东方物探品牌形象定位

立足新时代新征程新部署，置身"一带一路"倡议框架，参照世界一流企业品牌标准，基于70余年国有企业艰苦奋斗实践，锚定建设世界一流地球物理技术服务公司目标愿景，东方物探品牌形象应定位为以中国式现代化为主要特征的世界一流物探企业品牌形象。具体有以下内涵特征：

一是全能、主动、高效、精诚的服务形象。以客户为中心，建立精诚伙伴关系，统筹内外资源，充分发挥全产业链和一体化服务优势，快速反应，执行高效，以高新技术降低勘探风险，全力以赴帮助客户成功。

二是诚信、精益、超值、卓越的质量形象。坚持诚实守信，质量至上，精益求精，以现代化的治理体系、世界一流的标准、持续优化的业务流程，追求质量零缺陷，为客户提供超越一流品质的地震资料。

三是学习、创造、持续、领先的创新形象。坚持"创新优先"不动摇，以全球视野集聚高精尖创新人才，持续打造学习型组织，以勇攀高峰的创新思维，推动管理创新与技术创新，着力高水平科技自立自强，勇闯无人区，抢占制高点，打造策源地。

四是平等、尊重、开放、包容的情感形象。坦诚亲和，积极合作，尊重当地文化习俗和行为方式，平等对话，共商共赢，与社区、员工共享企业发展成果，兼收并蓄，融合创新，打造适应不同社会环境与自然环境的和谐文化。

五是奉献、安全、合规、绿色的责任形象。忠诚党和国家，奉献社会，服务全球，将员工作为企业生存发展的根本，决不以牺牲员工的健康和安全换取企业的发展，遵守各国法律法规，忠实履行企业责任，保护环境，爱护生态，绿色发展。

三、"一带一路"倡议下世界一流企业品牌形象构建实践路径

世界一流企业品牌形象构建是一个长期的系统工程。作为国有石油物探企业，东方物探以矢志找油为使命，以建成世界一流地球物理技术服务公司为目标，强化品牌战略管理、建设品牌内涵、提升品牌核心价值、全面融入"一带一路"倡议、加强品牌传播，全力打造产品卓越、品牌卓著、创新领先、治理现代的世界一流企业品牌形象。

（一）坚持系统观念，以品牌战略管理构建东方物探品牌形象

国有企业特别是中央企业，一般拥有天然的品牌优势，要注重将这种优势全面谋划挖掘、激活转化为优质品牌资产，结合自身实际不断创新实践，形成品牌势能。

1. 品牌战略要与国家或行业发展战略同频共振

作为"国之大者"，服务国家重大发展战略，品牌建设必须服从于此，体现国企担当。

2. 要将品牌形象建设提升至战略高度

作为一项系统工程，强化顶层统一设计、统筹谋划，突出特色品牌理念和核心竞争优势，实现战略、管理各环节的相互协同，形成合力。

3. 建立系统的品牌管理体系

强化组织推动，紧密围绕战略目标，推进品牌价值市场化评估，设置专职机构，建立健全品牌管理职能，开展品牌内涵、品牌架构、品牌传播体系等建设工作，不断塑造品牌形象，提升品牌价值。

作为中央企业，公司70余年发展史和30余年"走出去"实践，始终以国际化视野，紧跟中国石油国际化步伐，全方位展示"勘探先锋"形象，彰显"大国重器"的责任担当，始终服从服务于集团公司资源战略，国内外重大油气发现参与率始终保持100%，被誉为集团公司找油找气"战略部队"和

海外业务发展的"一面旗帜"。

在世界一流企业品牌形象构建中，公司立足新发展阶段，全面贯彻新发展理念，丰富"两先两化"战略内涵，从战略全局高度系统把握品牌形象建设工作，明确品牌定位，加强品牌规划，促进品牌建设与企业业务发展的同步实施，品牌软实力的贡献率显著提高，形成了与世界一流地球物理技术服务公司高度契合的品牌知名度、美誉度和忠诚度。

公司在境内外树立统一的 BGP 品牌形象，做到国内国外统一部署，母子品牌整体考虑，实现品牌建设管理的系统化、常态化。加强品牌价值评估和品牌危机管理，初步形成品牌形象监测指标体系、品牌忠诚监测指标体系、品牌市场影响监测指标体系，动态把握品牌形象影响力变化。及时收集、掌握、处理各种品牌舆情，增强全体员工品牌危机管理的意识和技能，防范品牌风险。

（二）坚持价值创造，以品牌内涵建设构建东方物探品牌形象

全面构建世界一流企业品牌形象，需要以品牌内涵建设为起点和基础，提炼品牌核心价值，明确品牌定位，建立品牌个性，提出差异化品牌口号。

1. 提炼品牌核心价值

品牌核心价值也称为品牌主张或品牌承诺，是品牌能够为各利益相关方提供的最核心的利益点与个性，是驱动各利益相关方认同并形成品牌心智定势的关键力量。

2. 明确品牌定位

品牌定位是品牌战略体系构建的核心环节，意在目标客户群体心智中占据独特价值地位，使品牌成为某个类别或某种特性的代表品牌。

3. 建立品牌个性

公众与品牌建立关系时往往会把品牌视作一个形象，因此需要建立品牌"拟人"化个性，与品牌定位相呼应。

4. 提出差异化品牌口号

品牌口号是品牌的集中承载和体现之一，是用于回答如何满足客户以及希望外部认为"我们是谁"，是员工与客户共同的意愿表达、利益表达。

5. 建立或更新品牌视觉识别系统

主要包括品牌的名称、标志、标准字、标准色彩、象征图案、品牌口号、企业吉祥物和专用字体等。

在东方物探品牌形象构建中，公司始终唱响"我为祖国献石油"主旋律，赋予石油精神、先锋文化理念时代内涵，用70余年物探事业奋斗史赋予品牌灵魂，永葆品牌生命力和独特价值。坚持与市场、社会、员工需求紧密结合，加强BGP品牌形象设计、塑造与内涵研究，用"治理现代、管控精益、运行一体、执行高效"增强客户信任度，"以高新技术降低勘探风险、全力以赴帮助客户成功"提升客户黏度，以"艰苦奋斗、创新卓越、勇争一流"展现品牌精神。坚持品牌内在形象和外在形象统一设计和提升的工作思路，建构特色鲜明的品牌形象视觉系统，制定"BGP视觉识别系统手册"，用"红蓝绿"三原色构建以红色基因、开放创新、绿色发展为内涵的公司精神图谱，彰显BGP品牌定位、品牌个性和品牌核心价值，实现BGP品牌整体形象有效构建。

（三）坚持创新引领，以企业核心价值提升构建东方物探品牌形象

创建世界一流企业品牌，需要具备能够与国际一流企业竞争的核心能力，始终保持全球领先竞争优势的韧劲和优势，是促进企业品牌有形要素和无形要素提升的核心原动力。

一是一流的产业规模和产业链体系。世界一流企业具有较为完整、分布全球和较强成本优势的产业链体系，能够充分利用国内国际两种资源两个市场有效配置资源，实现结构布局合理、主业突出、产业协同发展。

二是一流的全球业务和管理体系。世界一流企业需要国际化视野，还需要国际化经营实践，决胜于在全球范围内比拼战略定位的优劣、经营管理

效能的高低，以及外部交易成本的高低。世界一流企业的市场和客户遍布全球，企业的产品营销以及相关管理能力呈现全球化分布特征。

三是一流的技术创新能力。拥有与公司发展需要相适应的自主知识产权和核心技术，发展更加依赖技术创新的原创性，能够为促进企业技术进步、保持行业技术领先、引领前沿技术发展提供有效支撑。

四是一流的国际化经营能力。具有适应现代企业管理和国际化经营管理需要的数量足够、结构和梯次合理的优秀人才队伍，具有较强的参与国际竞争的实力，各类主要技术指标、效益指标保持或达到国内国际领先水平。

五是一流的风险管控能力。具备强劲的可持续经营能力，具有良好的产权结构和治理结构，具有与公司发展水平相适应的体制机制、管控模式、管理制度、风险防控体系以及较高的信息化管理水平。

在世界一流企业品牌形象构建中，公司锚定一流目标，以品牌建设推进高质量发展，发挥创新在品牌发展中的引领驱动作用，加快推进技术创新、管理创新、服务创新、模式创新，加快推进数字化、智能化发展，在能源转型发展中抓住机遇、加快步伐，努力实现更高质量、更有效率、更可持续、更为安全的发展。东方物探全能、主动、高效、精诚的服务形象和诚信、精益、超值、卓越的质量形象深植于全球用户中，公司海外业务不断实现从无到有、从弱到强、从低端到高端的跨越发展，持续提升在全球物探行业的话语权和影响力，创建了中东、中亚、北非等七大规模化生产基地，在全球油气勘探市场占有半壁江山，高端市场占比达到 70%，公司国际化指数超过 60%，营业收入连续 8 年保持全球物探行业第一位。

公司始终把科技自立自强摆在公司发展的核心位置，通过补链强链，提升对产业链核心环节和关键领域的掌控力，坚定不移打造石油物探原创技术"策源地"，争当产业链"链长"，积极参与制定国际物探领域技术标准和行业规范，推广中国标准、中国技术、中国装备属地化应用，带动东方物探全产业链走向世界，打造"创新领先"的东方物探形象。培养建设了一支由 6 名国家特聘专家、1 名国家百千万人才工程、1 名院士工作站院士、22 名海外高层次人才，3 名首席专家、73 名高级专家和 5600 名技术骨干组成的高精尖人才队伍。打造了一系列物探核心软件、装备及技术，搭建"一个整体、三个层次"研发体系，建设"四大科技创新平台"，构建"四国七中心"24 小时研发模式，公司创新能力位列中国能源企业百强榜单第三位，东方物探学习、创造、持续、领先的创新形象不断提升，为率先打造世界一流企业奠定了坚实条件和基础。

（四）坚持市场导向，以全面参与"一带一路"倡议构建东方物探品牌形象

国有企业要以高度的政治责任感和使命感，用实际行动落实"一带一路"倡议，坚持"共商共建共享"原则，把推进勘探项目"硬联通"作为方向，把行业规则标准"软联通"作为支撑，把与作业国人民"心联通"作为基础，全方位、多层次、立体化的力量参与，在"一带一路"建设中不断彰显大国企业形象。

1. 探索"共生"模式

发挥中国资本、技术优势，深入分析项目所在国的整体战略，在中国"一带一路"倡议与其对接中，寻找战略层面的合作契机点，培育共生理念，服务国家大局，与当地社会结成命运共同体。

2. 持续唱响命运与共时代旋律

立足作业国资源优势，坚持"共商共建共享"建设理念，通过合作共赢、责任共担实现价值引领，在推进国际化战略中坚持开放包容，充分展示和平发展的中国形象。

3. 推进文化融合构建共同发展观

深化文化融合，促进民心相通，有效凝聚发展共识，守诚信、尚和合、讲仁爱，在与作业国政府、企业及民众交往中，充分尊重当地的文化和习俗，讲好央企故事，以共有价值破解分歧，赢得尊重与互信。

在多年"走出去"的进程中，公司积极践行"一带一路"倡议，一方

面依托国内高效勘探规模效应,在提质增效中迈向世界一流;另一方面深度参与国际分工,促进国际国内市场高效联通,在基础设施建设、能源资源开发、国际产能合作等领域承担了一大批具有示范性和带动性的重大项目和标志性工程,彰显了中国智慧,打造了"国家名片",为推动"一带一路"倡议从理念转化为行动、从愿景转变为现实作出了积极贡献。

东方物探沙特 S-77 项目文化营地

"一带一路"沿线国家是公司油气勘探的重要作业国,公司充分发挥市场在品牌发展中的决定性作用,创新一体化营销服务体系,完善国内外核心业务市场布局。以客户为中心,公司坚持把市场效益、客户满意、社会责任作为品牌形象建设衡量标准。致力于通过多途径、多维度保持畅通的客户沟通渠道,深挖客户核心需求,以目标为导向,发挥"快速反应、追求卓越""超前服务、超值服务"能力优势,按照"世界眼光、一流标准、石油特色、高点定位"要求,做他人难以做到之事,做好他人难以做好之事,先后与沿带沿路 40 余个国家有过经济交流合作,成功运作了多个典范工程,赢得客户和所在国政府的高度评价。

公司立足弘扬中华优秀传统文化,把先锋文化理念全过程融入共建"一带一路",强化跨文化管理,凝聚作业国本土各方合力,打造出高价值感、高美誉度、个性鲜明的东方物探品牌形象。加强与作业国政府、民众充分沟通交流,坚守"平等尊重沟通和谐"理念,积极践行绿色勘探,履行社会责任,参加公益活动,致力于本土化发展,扩大本地就业,与所在国开展文化交流,在合作中讲好东方故事。公司国际业务拓展到 70 多个国家 300 多家油公司,全球物探市场占有率超过 40%,人员本土化率超过 90%,带动"一带一路"沿线 32 个国家 11 万多人就业,充分彰显东方物探平等、尊重、开放、包容的情感形象和奉献、安全、合规、绿色的责任形象,为推动构建人类命运共同体贡献东方物探力量。

(五)坚持全球视野,以系统高效品牌传播构建东方物探品牌形象

把品牌营销作为一个系统的、跨部门、跨职能的营销活动,发挥创意的力量,利用各种有效发声点在市场上形成品牌声浪,让客户、政府、媒体、公众以及竞争者等外部受众真正感知到 BGP 的品牌价值内涵,从而培养忠诚客户和品牌美誉度。

1. 建立品牌传播矩阵

把品牌传播作为品牌战略的核心和超越营销的不二法则,研究制定企业品牌传播策略,系统规划品牌传播方式和路径。拓展行业展会、技术交流、论坛、公益活动与广告、公关活动等行业媒介品牌传播渠道。统筹利用报刊杂志、广播电视、文化墙、互联网、融媒体平台、在线社区等社会化媒介,形成传播渠道矩阵组合。

2. 强化国际化品牌传播体制机制建设

特别是要建立管理层和执行层品牌传播激励机制,增进公司与客户、企业与社会公众间的信息互动交流,展示企业精神风貌和 BGP 品牌个性。加大品牌主题宣传活动的策划,充分利用国家"一带一路"建设的文化传播优势,加强沿带沿路国家主流媒体的沟通联系,探索建立长效机制,以此带动公司国际化品牌传播体制机制的整体建设。研究制定公司"一带一路"及海

外社交媒体传播规划，在 Facebook 等国际主流社交媒体开通社交账号，加强平台互动，加强公众对 BGP 国际形象认知。

3. 创新品牌深度传播的内容与方式

针对不同国家及客户的文化背景，制作 BGP 差异化外文宣传片，积极搭建与所在国政府、商界精英、非政府组织和公众的沟通渠道，根据所在国文化习俗、消费者习惯及法律法规等特点开展宣传活动，不断积累并掌握品牌话语权。在沿带沿路国家，除深化传统媒体传播方式外，充分利用事件传播，创新公益活动传播，为公司品牌的海外整体传播探索新路、积累经验。推进海外"媒体开放日"和"公众开放日"系列活动，加大社会责任品牌传播力度，切实融入当地经济文化发展，深耕所在国"建设者"和高度社会责任感形象。

公司系统制定品牌推介方案，着力构建全球品牌传播格局。瞄准物探技术前沿，积极参与国际性行业展会，加强与所在国、地区性组织的技术交流，推介新技术、新方法，提升 BGP 品牌的全球知名度。积极了解客户重大变化和战略调整，全面调查客户需求，突出一体化靠前服务，开展一对一品牌推介，彰显 BGP 品牌特色优势。拓展品牌线上线下立体传播渠道，持续传播公司发展动态及文化理念，协同国内国际主流媒体推出重磅报道、系列报道、深度报道，提升 BGP 品牌影响力。

构建东方物探世界一流企业品牌形象，是在"一带一路"倡议框架下，从品牌战略的高度、品牌形象的维度，系统推进国有企业品牌向国际化升维的探索实践。东方物探品牌必将在服务、质量、创新、情感、责任多维的淬炼升华中，走向世界、走向一流。

（主研人：张少华　常学军　王丽花　安连东
　　　　　李　利　王　玮　张翠霞　董　功）

炼化企业疫情防控期间员工人文关怀实践研究

吉林石化公司

2019年新冠疫情暴发以来,国内炼化企业认真贯彻落实习近平总书记关于疫情防控的重要讲话和重要指示精神,在新冠疫情防控的关键时期,加强对员工的思想引导、心理开导、情感疏导等人文关怀,确保了疫情防控、安全生产"双战双胜"。为确保今后各类重大疫情突发特殊时期员工队伍思想稳定、情绪稳定,中国石油吉林石化公司(以下简称"吉林石化公司")课题组经过对重点炼化企业的深入调查研究,形成了疫情防控期间开展人文关怀的创新研究成果。

一、加强疫情防控期间员工人文关怀的意义

炼化企业的主要产品关系到国家和地区能源供给和国计民生各方面,同时又具有高温高压、易燃易爆、深冷剧毒等诸多风险,保证疫情防控期间生产装置安全稳定长周期运行至关重要,加强疫情期间人文关怀具有特殊重要意义。

（一）特殊行业打赢疫情防控持久战歼灭战的迫切需要

疫情防控期间，化工企业干部员工为保证装置持续稳定生产，需要长时间驻守在工厂，既有长期保持安全稳定生产的巨大压力，还要承受疫情防控封闭管理带来的生活困难和精神压力，这两种压力相互叠加，会给疫情防控工作造成超乎寻常的难度。疫情防控工作需要耐心和毅力，是一场拼决心、拼意志的艰苦鏖战，在长时间的坚守中，极易在干部员工中产生麻痹思想、厌战情绪、侥幸心理、松劲心态，只有实施有效的人文关怀，才能为打赢疫情防控歼灭战提供最坚强的思想保障。

（二）特殊时期打赢安全生产经营攻坚战的迫切需要

疫情突发和蔓延会给城市社会经济运行带来巨大影响，也给企业的原料供应、生产运行、产品出厂造成巨大冲击，特别是疫情防控和安全生产压力的双重叠加，对于炼化这样的高风险企业更是雪上加霜，实现特殊时期的安全稳定生产成为疫情防控期间纷繁复杂工作任务的重中之重。疫情防控是一项部署周密、严格细致的系统工程，它与安全生产工作是矛盾着的统一体，如果疫情防控出现失误或混乱，必然会造成员工的思想情绪紧张、恐慌，直接威胁到安全生产工作。只有通过开展细致入微的人文关怀，使全体员工心情舒畅投入到疫情防控和安全生产工作中，做到"两手抓、两不误"，才能确保疫情防控期间打赢安全生产经营这场攻坚战。

（三）特危时段保护员工生命安全和身体健康的迫切需要

疫情面前，呵护员工的生命安全和身体健康是践行"以人民为中心"的发展思想，人文关怀是实现员工生命安全和身体健康的有效途径。作为炼化企业安全生产经营的操作者、管理者，以及疫情防控战疫的守卫者、战斗者，炼化企业广大干部员工在疫情防控特危时段，无论是在心理上还是生理上，都承受了巨大的负担和压力。有效的人文关怀举措可以极大地缓解员工的身心压力和工作压力，这是疫情防控特殊时段对员工生命安全和身体健康的最直接保障呵护。

二、炼化企业疫情防控期间人文关怀实践——以吉林石化为例

2022年，吉林石化公司在长达2个多月疫情防控中的人文关怀实践，受到了来自吉林省委省政府、市委市政府、中国石油天然气集团有限公司（以下简称"集团公司"）以及国务院国资委的表扬。本课题以吉林石化公司作为案例加以分析。

（一）基本情况

2022年3月3日，吉林地区暴发疫情。吉林石化公司充分发挥党委"把方向、管大局、保落实"作用，第一时间启动疫情防控应急响应工作机制，强化统一指挥、统一协调、统一部署。坚持领导带班和24小时值班，牢牢把握疫情防控大局。第一时间提出"两个不折不扣""三条主线""四个坚决"的总体思路。坚持"不折不扣执行国家和省市疫情防控指令，不折不扣执行集团公司党组疫情防控决策部署"，统筹疫情防控、生产经营、项目建设"三条主线"，确保实现"坚决守住生产场所不发生聚集性疫情底线，坚决保证安全生产和稳健经营，坚决不发生停工停产，坚决不影响企业稳定"目标。第一时间作出"封闭式运行、网格化管理"的重大部署。于3月8日果断决策，实施以工厂属地为单位的封闭式运行、以车间为单位的网格化管理，将企业与社会、工厂与工厂、工作场所与生活场所有效隔开，实现"三级分隔"，阻断外部输入，防止内部扩散；按照"基层4个班组中3个班组驻厂封闭、1个班组居家备员"的方式，1万余名干部员工响应号召驻厂留守，实施"两班两运转"倒班模式，全力保障安全稳定生产。第一时间制定符合吉化实际的防疫策略。坚持在思想上"高度警觉、严肃态度、坚定信心、保持定力"，在措施上"早封闭、早发现、快追溯、快隔离、严管控、严消杀"，在方法上

"科学研判、精准防控,上下联动、内外协调",完善疫情防控工作方案及应急预案,细化措施、明晰责任、科学防控。第一时间压实覆盖全员的责任链条。健全完善疫情防控责任制,落实各单位属地管理责任、车间网格化管理责任、员工自我管理责任,全员签订承诺书,增强疫情防控"人人有责"意识。加大疫情防控纪律"四不两直"督察检查力度,以严明的纪律、严肃的态度、过硬的作风推动决策部署和责任措施落实落地。

吉林石化公司干部员工在3月8日至5月6日为期60天的封闭运行管理中,顽强坚守、艰苦鏖战,克服疫情带来的人员紧张、运输受阻、销售不畅等重重困难,精心看好生产、管好安全,千方百计疏通堵点、打通痛点、突破难点,强化供产销储运有机衔接,取得了疫情防控和生产经营"双胜利",员工思想和企业大局稳定,前4个月炼化主业账面盈利8.3亿元,在集团公司和吉林省树立了典范。

(二)主要做法

吉林石化公司干部员工弘扬伟大抗疫精神,深入开展疫情防控期间员工人文关怀,建立"六心"机制,凝聚起"合金"般的战斗力。

1. 旗帜引领守初心

两级党委带领党员干部反复深入学习习近平总书记关于疫情防控的重要讲话和重要指示精神,逐条逐句进行对标,进一步增强了政治判断力、政治领悟力、政治执行力,从疫情突发到清零、解封,任何时候任何情况下都做到了不含糊不动摇。

2. 干部跟班稳军心

因部分员工封闭隔离在社区,导致个别岗位人员紧张。吉林石化公司党委号召各级干部发扬"工人三班倒,班班见领导"优良传统,下班组、进岗位,与员工同吃同住,将"工人三班倒"变成"干部跟班倒",当好疫情防控工作的形势宣传员、心理疏导员、网格管理员、后勤服务员,迅速构建了网格化管理的组织保障体系。

3. 思想包保聚人心

关心关注每名员工的思想状态，落实党员干部"一对一"包保责任，结合"转观念、勇担当、强管理、创一流"主题教育，开展7轮形势任务宣讲，党员干部每天与员工面对面沟通交流，倾听所思所想，解决"急难愁盼"，摸实情、解矛盾、增信心、鼓干劲。

4. 服务保障心贴心

想尽一切办法调集防疫和生活物资，保证每一名倒班员工岗后休息、住宿餐饮、个人卫生等需要，配备折叠床、被褥、洗漱包等日用品，发放抗病毒预防药物，让员工安心舒心顺心工作。尤其在疫情最为紧张时期，组织专车从省外点对点采购食材，保证了饮食安全和均衡营养。

5. 察问管记暖人心

实施"察问管记"加强版，将员工工作、休息及身体健康状况、患病用药情况纳入健康管理，做到"四清三准五掌握"，每天开展疾病风险筛查，及时采取干预措施；安排15批次4000余名驻厂员工到职工疗养院轮休，确保以饱满精神状态投入到工作中。

吉林石化开展疾病风险筛查工作

6. 激励引导增信心

连续下发致员工及家属《感谢信》《慰问信》《倡议书》，发放"疫情临时补助奖"和"疫情慰问补助"，干部员工感受到了组织的肯定与关怀；讲好吉化故事、传播吉化声音，在新华社、人民日报等主流媒体发表稿件300余篇，"美丽吉化"等公众号推送文章1312篇，营造了万众一心抗疫情保生产的强大声势；开设"疫情防控专栏"，设立疫情防控工作专线电话，加强对员工的舆情教育和自媒体信息发布引导，保证了网上正气充盈、网下步调一致。

三、炼化企业进一步加强疫情防控期间人文关怀的方案性研究

根据炼化企业在疫情期间开展人文关怀实践所取得的经验、存在的不足，课题组进一步对加强疫情期间人文关怀进行了方案性研究，目的是把取得的经验固化下来，形成工作机制，为以后遇到类似特殊疫情突发情况做好方案准备。

（一）特殊时期人文关怀需求分析

马斯洛需求层次理论分别是生理需求、安全需求（工作安全稳定）、社交需求（归属与爱）、尊重需求和自我实现需求。基于这一理论原理，结合吉林石化公司疫情防控期间开展人文关怀的实际情况，对疫情防控期间员工人文关怀需求进行分析。

一是生活关爱需求。疫情防控期间，整个城市处于紧急封控状态，确保上万名驻厂员工的衣食住用，成了企业面临的很大难题。对于人的第一需求，需要提前做好准备，第一时间予以保证。

二是健康关爱需求。健康关爱需求包括两个方面，一方面是员工正常的身体健康保障，另一方面是及时阻断疫情，认真落实"外防输入、内防

反弹"要求，为员工提供可靠的防疫保障。这两方面需求同等重要，不能偏废。

三是安全关爱需求。安全关爱需求是员工对工作安全和生活安全两个方面的需求。疫情防控期间，要特别注意防止把管理的注意力全部放在疫情防控上面，而忽视了安全生产工作。这是安全关爱需求应该重点把握的问题。

四是工作关爱需求。实行网格化管理，员工的工作环境、生活环境都发生了很大变化，特别是工作氛围、团队合作、相互交流等因疫情防控紧张气氛影响，不再像平时那样顺畅。员工对工作关爱、团队管理提出了更高要求。

五是困难关爱需求。因为没有充分的准备时间，导致居家员工和家属日常生活受到较大影响，造成岗位员工思想不稳定，需要各级组织发动各方面力量、发挥大家的聪明才智加以解决。

六是情感关爱需求。由于长时间封闭、驻守，有的员工因长时间缺少沟通交流，而产生孤独感；有的员工因家属生活出现困难或亲人有埋怨情绪而产生焦虑急躁情绪；有的员工容易受到各种信息影响产生恐惧心理等。

七是成长关爱需求。在严峻考验面前，最能体现员工的思想成熟和人生成长。有的员工希望接受党组织的政治考验；有的员工希望领导和同志关注到自己的成长；有的员工渴望自己在困难面前挑起更重的担子等。

这七方面需求，大体可以归纳为生活关怀、安全关怀、心理关怀、成长关怀四个维度。生活关怀维度主要包括为员工提供满足驻厂期间所需要的衣、食、住、用物资保障和舒适安全的生活环境。安全关怀维度主要包括确保驻厂期间员工工作安全、健康安全；心理关怀维度主要包括对员工开展情感关爱、困难关爱、工作关爱，保证员工情绪稳定、心理健康、心情舒畅；成长关怀维度主要包括关注员工在企业重大事件中的思想成长动态，引导员工积极成长、实现自我。四个维度构成疫情防控期间员工人文关怀的需求维度。

综上所述，疫情防控期间员工人文关怀需求的基本框架是一个目标、四个维度、七个方面，如下图所示。

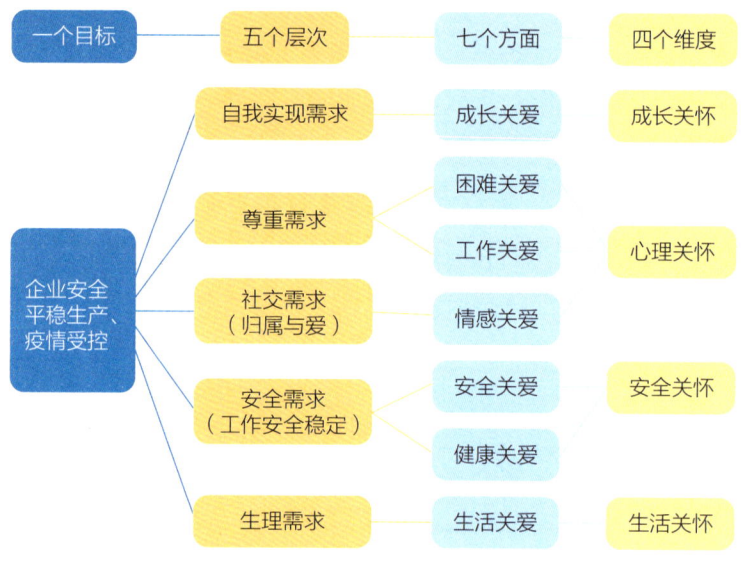

特殊时期员工人文关怀需求框架体系

（二）特殊时期人文关怀组织模式

根据以上分析，结合吉林石化公司的工作经验，课题组研究建立了特殊时期的人文关怀组织模式，这是做好人文关怀工作的重要保证。

1. 建立协调各方、统筹全局的领导小组

建立党委统一领导、党政共同负责、部门齐抓共管的疫情防控领导小组，统筹企业各级党组织资源、行政资源、群团资源、"衣食住用医"等后勤保障资源，为做好人文关怀提供全方位保障。疫情防控领导小组对于生活关怀、安全关怀、心理关怀、成长关怀实施矩阵式管理（如下图所示），对四个维度要落实牵头责任部门和工作部门，各相关部门要落实这四个维度、七项关爱的具体责任，从组织管理上达到组织高效、协调顺畅、信息快捷。

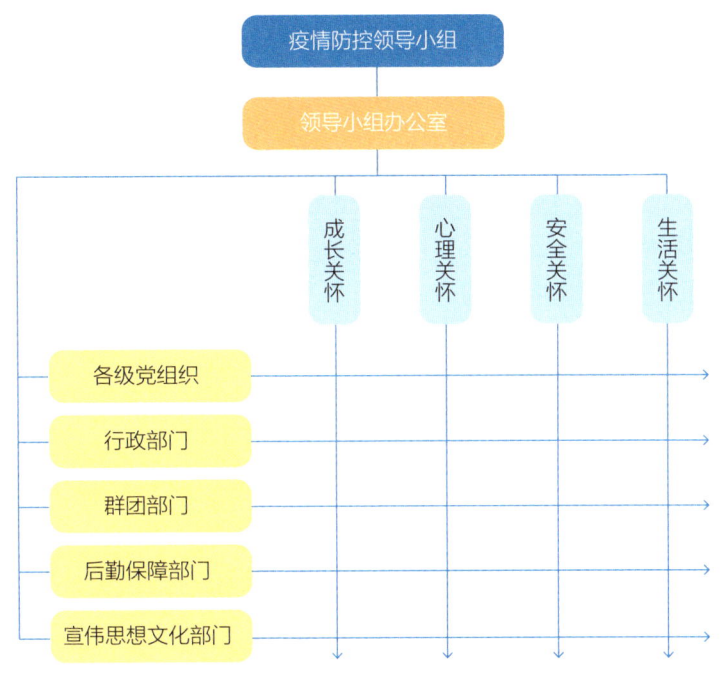

疫情防控领导小组矩阵式管理

2. 建立目标一致、联动有力的四级保障体系

充分利用现有的党组织和行政组织体系,完善公司党委(行政)、工厂党委(行政)、党支部(车间)、党小组(班组)人文关怀保障联络工作组,明确各层级人文关怀工作职责。公司层面负责传递发布指令、通报信息、依据基层反馈的员工思想状态做出工作部署、筹集发放应急物资、编写发布宣传宣讲材料等;工厂层面做好承上启下工作,落实吉林石化公司党委工作部署,制定符合实际的人文关怀举措;车间层面充分发挥党支部的战斗堡垒作用和党员先锋模范作用,落实好"一对一"思想包保责任,及时把组织关怀送到员工手上和心中;班组层面要充分发挥"基层细胞"作用,及时掌握和反馈员工工作生活、思想情绪、健康安全等信息,开展形式多样的"微"活动,使员工感受到温暖。

3. 建立"干部跟班倒"和"一对一"员工思想包保责任

在疫情防控期间,各级干部排班进岗,争当正确思想的传播者、政策措施的执行者、强化管理的组织者、争创一流的引领者，面对面、心贴心地开展宣传思想工作。"一对一"员工思想包保是疫情防控期间开展人文关怀的最直接最有效的组织架构和工作方法，驻厂员工在党员干部每天近距离陪伴中度过岗位坚守的"困难期"，居家员工和家属在党员干部的电话关怀中度过孤独彷徨的"煎熬期"。党员干部深入员工中间摸实情、解矛盾、增信心、鼓干劲，是疫情防控期间迅速统一思想认识，克服不同阶段倾向性思想问题的重要方式。

（三）特殊时期人文关怀实现机制

根据 PDCA 循环理论和已经取得的工作经验，对疫情防控期间的人文关怀，需要建立一套行之有效的实现机制。

1. 扁平高效的部署协调机制

疫情防控领导小组充分发挥矩阵式管理的优势，建立每日调度例会制度，及时根据疫情防控进展情况，决策部署疫情防控、安全生产经营等各项工作。建立可随时召集和调度的临时性会议制度，对重大突发情况及时掌握、及时研究、及时决策部署。建立疫情防控领导小组办公室微信和电话协调机制，对各类问题通过微信群或电话加以解决。两级党委建立的疫情防控领导小组部署协调机制，要把人文关怀作为决策部署、工作协调的重点，特别是在部署疫情防控工作的同时，要同时做好思想发动和布置人文关怀工作。

2. 执行有力的专责推进机制

疫情防控与安全生产的突然叠加，容易造成工作冲突、场面混乱等情况。各级党组织要落实专职专责，在纵向上，确保各个层面随时随地都有可投入的人员抓手，形成一条职责清晰、权责明确、执行有力的人文关怀工作链；在横向上，党政工青各部门要把人文关怀工作作为一项整体性工作认真对待，做到步调一致、统一行动，形成一张齐抓共管的工作网。人文关怀专责推进机制要做到"四保证"：保证疫情防控领导小组政令畅通，保证思想政治工作先行，保证人文关怀工作的针对性及时性有效性，保证开展人文关怀的必要条件。

3. 全面覆盖的检查督导机制

各级党组织要从把员工健康放在优先发展的战略高度来认真对待，建立健全全面覆盖的检查督导机制，确保各项举措落实到位。公司、工厂党委要通过设立党委信箱、征集基层员工意见建议等形式了解员工的思想动态和关注热点；党政工青各部门要通过现场检查、个别访谈、微信聊天、电话调研等形式检查基层党支部、党小组开展人文关怀工作情况，及时发现工作不足；基层党支部要坚持每天与员工谈心聊天，近距离检查党员干部"一对一"思想包保等工作开展情况，及时掌握员工思想状况、生活情况和心理需求等。层层跟踪、督办落实、结果确认和员工满意度调查，促进人文关怀举措收到良好效果。

4. 快速反应的信息流转机制

疫情期间只有准确掌握、快速传递准确权威的信息，才能正确决策、有效施策，把握疫情防控和安全生产的主动权。要以最快捷的速度把公司、工厂的决策部署传递到基层每一名员工；快速梳理反馈基层员工的所思所想、所盼所愿，为公司党委决策提供准确依据；要建立人文关怀网络沟通交流平台，将各单位、各层面的人文关怀工作人员联系到一起，实现信息共享、通力合作；要建立媒体融合、内外互动、资源共享的宣传工作机制，及时播报企业疫情防控工作信息，引导主流舆论，营造奋发向上的疫情防控工作氛围，鼓舞斗志，增强信心。

（四）特殊时期人文关怀载体方法

本研究从以下六个方面加以归纳。

1. 以深化学习教育为主的思想引导法

主要是组织好习近平总书记关于疫情防控重要指示精神的学习，贯彻落实好党和国家以及地方党委政府、集团公司党组的决策部署，开展好疫情防控期间的形势任务教育。根据疫情防控期间的特殊情况，采取领导干部"一对一"宣讲、电话宣讲、简报发布以及公众号、云课堂、微视频等形式,迅速快捷地把学习教育内容传递给广大员工及家属。通过主流宣传有效消除小道消息、负面新闻等给员工带来的心理焦虑和思想疑惑,坚定克服困难、战胜疫情的信心和决心。

2. 以关心生活后勤为主的服务保障法

疫情期间的生活保障是员工群众最关心最直接最现实的利益问题,直接关系到员工队伍的思想稳定和企业大局稳定,企业对特殊时期的生活后勤保障要舍得投入,做到比平时数量更足、质量更好。要动员企业各种资源力量,从衣食住行用各方面进行统筹协调,确保各种后勤供应及时到位,为员工提供周到满意的服务。特别要注重关心关注居家员工和员工家属的生活状况,及时帮助生活遇到困难的员工及员工家属排忧解难,把企业对员工的关爱从工厂延伸到家庭。要把后勤服务与宣传工作、思想工作等有机结合起来,既要做到也要说到,使广大员工充分感受到组织的关怀和温暖,切实提高对特殊时期后勤的满意度,增强对企业的归属感、幸福感和安全感。

3. 以保障安全健康为主的察问管记法

特殊时期长时间封闭运行,员工容易产生心情焦虑、情绪烦躁的心理问题,一些有基础疾病(如高血压、心脏病、糖尿病)的员工更是容易出现健康问题,各级党组织和党员干部要带头关心员工健康,实施"察问管记"管理办法。"察"就是认真观察,贵在用心;"问"就是逐人询问,重在细致;"管"就是分级施策,成于精准;"记"就是翔实记载,体现尽责。党支部书记要做到"四清三准五掌握",即清晰身心状况、风险等级、送医原则和工作流程,第一时间准确应对异常、正确处置、实施救治,掌握员工血压、血糖、体温、服药和基础病情况。班组长要做到"两规范两及时",即规范执行标准用语、记录内容,发现问题及时处置、及时报告。同时要倡导员工开展好个人健康的自主管理。

4. 以情绪管理为主的心理疏导法

要高度重视疫情特殊时期的员工情绪管理,抓实"岗前、岗上、岗下"

等关键环节，实现员工思想情绪管理的全覆盖。岗前做好情绪监测，运用工作看干劲、走路看精神、吃饭看饭量、说话看音量、朋友圈看吐槽等细微观察，从员工的微表情、微变化中观察掌握员工的精神状态、思想动态。岗上做好心理疏导，依托"干部跟班倒"，采取"走动式"管理方式，与出现思想情绪波动的员工聊天谈心、沟通交流，及时缓解员工的烦躁情绪、恐慌心理等，疏导化解各类苗头性问题。岗下做好家访谈心，可采取电话家访的方式，持续跟进员工情绪状况。另外，依托EAP管理模式，通过心理咨询室、情绪发泄室、"7×24小时"心理咨询热线，开展EAP线上辅导等方式，深度服务员工，帮助员工解决影响情绪的各种问题。

5. 以关注员工成长为主的多维激励法

在疫情防控的特殊时期，对于干部员工勇于担当、顽强驻守、踏实工作，在各项工作中表现出的刚健勇毅的精神面貌、积极向上的思想状态、担责尽责的政治自觉，要及时发现、及时鼓励，实施多维度的激励办法，积极回应员工对个人成长、自我价值实现的需求。把疫情防控工作作为考验入党积极分子的重要时机，作为考核各级干部坚守岗位、靠前指挥、发挥表率作用的重点时段，作为新入厂员工施展才华、表现能力的重要舞台，通过物质激励、精神激励、情感激励等方法，给予员工成长的空间和平台，使员工在疫情防控期间得到全面锻炼、全面发展。

6. 以建设心灵家园为主的文化感染法

建设心灵家园是增强员工归属感的重要路径，越是遇到困难，越要让员工感受到企业的温暖，越要让员工领会到集体的力量，越要让员工体悟到精神家园的强大。要抓住疫情防控时机，深入开展大庆精神铁人精神再学习再教育再实践，以过硬的作风筑牢疫情防控和安全生产经营的坚强防线。大力传承炼化企业优秀传统文化，结合企业特点和实际情况，积极开展优秀传统文化的创新实践，促进特殊时期思想政治工作的全面提升。注重把基层疫情防控中开展人文关怀的经验固化为企业制度文化、形成新的传统，及时评选宣传人文关怀先进典型和优秀案例，让特殊时期的人文关怀成为家喻户晓的企业经典故事，为员工心灵成长培植营养丰富的文化沃土。

四、炼化企业实施人文关怀方案的落实保障措施

（一）组织领导保障

组织领导保障就是要发挥各级党组织的优势和各级领导干部的作用，使疫情防控期间人文关怀方案得到细化和落实。

1. 加强党对方案落实工作的领导

充分发挥党组织在政治、思想、组织、作风等方面的优势，把实施人文关怀作为打赢疫情防控阻击战的重要一环，提前动手，做好准备，疫情突发后，迅速启动各项工作，凝聚起全体员工抗击疫情的强大合力。

2. 结合实际制定细化实施方案

根据本单位的实际情况，细化组织模式、实现机制和载体方法，制定出具体的、可操作的战时实施方案。落实责任制，建立责任制清单。

3. 提前做好各项准备和桌面推演

立足实战、突出实效，认真组织推演，验证方案的实用性、有效性和可行性，检验各部门、各单位快速响应、应急处置、统筹协调能力，整改问题和不足。

（二）素质能力保障

素质能力保障就是针对个别党员干部在落实疫情防控人文关怀方案中存在的素质能力不足的现状，加强思想教育和能力培训，以适应疫情防控实战之需。

1. 增强责任担当之勇

加强习近平新时代中国特色社会主义思想的学习，深刻理解"以人民为中心"发展思想的时代内涵，不断唤醒责任担当的思想自觉和行动自觉，在疫情到来的危急时刻，能够带头驻守岗位、深入一线、跟班运行，当好员工

的主心骨和贴心人。

2. 增强思想工作之智

党员干部做思想政治工作、开展人文关怀实践活动，不能靠疫情突发后的灵机一动。在日常工作中，党员干部要明确在经济领域为党工作的第一责任，牢固树立"一岗双责"的责任意识，认真学习开展思想政治工作和人文关怀的最新理论、最新方法，不断增长智慧才干，为疫情防控期间开展人文关怀奠定基础。

3. 增强组织实施之能

各级党组织要加强对党员干部组织能力、统筹协调能力的培养，特别是要注重开展党员干部管思想、抓教育、带队伍方面的实战训练。各级党员干部要培养自身的整体意识、全局意识，在做好专业工作、局部工作的同时，提高开展人文关怀工作的能力。

（三）宣传引导保障

宣传引导保障就是围绕疫情防控人文关怀方案的落实，运用好内外部媒体资源，讲好人文关怀故事，营造良好舆论氛围，赢得支持和参与。

1. 大力宣传开展人文关怀的重大意义

从讲政治的高度，宣传疫情防控期间做好人文关怀工作是贯彻落实"以人民为中心"发展思想的具体体现；从讲全局的高度，宣传做好人文关怀工作是夺取疫情防控和安全生产"双战双胜"的重要保证；从讲责任的高度，宣传做好人文关怀工作是企业履行社会责任、保障员工个人利益的必然选择。通过反复宣传，广泛发动党员干部和员工积极为开展人文关怀献计出力。

2. 广泛宣传开展人文关怀的典型事迹

各级党组织要及时发现做好思想引导、心理开导、情感疏导工作的各级各类先进典型，认真总结和宣传他们的工作方法和工作成效，讲好他们与员工心贴心交流、手把手互助的感人故事，特别注意捕捉他们做好人文关怀工作的细微之处，增强媒体宣传的感染力、影响力。

3. 深入宣传开展人文关怀的经验做法

各级党组织要在工作中持续总结疫情防控期间人文关怀的工作经验和典型案例，引导其他单位学习借鉴，使好经验好做法在传播中得到巩固完善和创新发展，并固化为特殊时期开展人文关怀的制度规范，形成企业文化传统。

（四）信息渠道保障

信息渠道保障是指保障疫情防控期间开展人文关怀的各类信息渠道能够有效传递信息。这里的保障包括平时与战时、线上与线下、企业与社会、向上传递与向下传递、正面引导与负面阻断等信息渠道的有效配置与运行。

1. 建立日常规范的信息渠道

在日常工作中，对于涉及疫情防控期间开展人文关怀的信息渠道，提前做出相应的信息资源配置和安排，规范各级领导深入一线调研、各类例会、重大情况通报、信访接待、党委信箱、网络论坛、微信工作群以及定期开展员工思想动态分析等，做到工作做在日常，功夫下在平常，疫情突发时确保信息流转顺畅。

2. 开拓战时高效的信息渠道

企业与政府之间建立疫情防控信息沟通机制，基层疫情防控信息向公司主要领导的直传直报机制，疫情防控领导小组重大工作部署的电视电话会议机制，党员干部跟班运行"一对一"宣讲机制，员工身体健康、思想情绪和生产生活困难情况每日汇总报告机制，确保做到急事急报、大事特报。

3. 堵塞各种负面的信息渠道

各级党组织要加强网络媒体和自媒体的管理，教育员工做到不信谣、不传谣、不造谣，不在互联网发表不当言论，形成科学防疫、依法防治的思想共识。要加强涉及企业的舆情信息监测和研判，对片面失实、恶意炒作等不实舆情早发现、早处置。坚持鲜明立场，把握正确方向，坚决同错误言论作斗争，及时澄清不实传言，确保公司舆情稳定、思想稳定。

（主研人：冯立波　林　业　周　伟　袁　宏　胡天戈
　　　　　张　鹏　李玲月　唐　哲　赵　极）

深入学习贯彻习近平总书记重要指示批示精神实践研究

兰州石化公司

党的十八大以来,习近平总书记站在党和国家工作大局,就国有企业改革发展和党的建设发表了一系列重要讲话、作出了一系列重要指示和重大部署,为新时代国有企业改革发展指明了前进方向、提供了根本遵循。学习好、贯彻好、落实好习近平总书记重要指示批示精神,对于推进国有企业高质量发展,提升竞争力、创新力、控制力、影响力、抗风险能力具有重大而深远的意义。根据中国石油党建思想政治工作研究会2022年工作安排,中国石油兰州石化公司(以下简称"兰州石化公司")围绕"深入学习贯彻习近平总书记重要指示批示精神实践研究"重点研究课题,成立了以党委书记、执行董事吴凯为组长的领导小组,精心编制课题研究方案,确立4个研究子课题,取得甘肃省委政研室、省委宣传部、省委党校专题指导,调研中国石油内部大庆油田、长庆油田、吉林石化、西北销售等10家企业,甘肃省内白银有色、酒泉钢铁、金川集团、兰石集团等4家骨干企业,征求意见建议,了解经验做法,为研究工作提供了有力支撑。调研中,课题组始终以习近平新时代中国特色社会主义思想为指导,立足新时代国有企业实际,综合运用制度对标、问题分析、调查研究、查阅文献等研究方法,对"深入学习贯彻习近平总书记重要指示批示精神"这一命题进行了理性思考和规律探索,在摸清现状、总结经验、深化认识的基础上，结合党的二十大作出的新部署，提出相应对策措施，得出有益启示。

一、统筹开展学习贯彻习近平总书记重要指示批示精神实践研究的实施背景

习近平总书记关于国有企业改革发展和党的建设的重要讲话和重要指示批示，尤其是对中国石油和中国石油相关工作作出的重要指示批示，是习近平新时代中国特色社会主义思想的"国企篇章"。开展深入学习贯彻习近平总书记重要指示批示精神实践研究、持续健全学习贯彻机制，对于学懂弄通做实，准确把握丰富内涵，有效推动党的建设、能源保供、绿色发展、改革创新等重点工作落地见效，更好发挥"种子队""顶梁柱"作用具有重要和深远的意义。

（一）重要指示批示阐明加强党的领导的根本原则，是企业正确发展的根本遵循

习近平总书记强调，坚持党的领导、加强党的建设，是我国国有企业的光荣传统和独特优势，是国有企业的"根"和"魂"；必须坚持"两个一以贯之"，努力成为"六个力量"。这些重要论述，标定了国有企业发展壮大的根本依靠，揭示了国有企业改革发展的规律所在，为企业持续发展指明了正确方向。

（二）重要指示批示提出科技自立自强的重要论述，是企业做优做强的关键支撑

习近平总书记强调，科技立则民族立，科技强则国家强；要从国家急迫需要和长远需求出发，在石油天然气等关键核心技术上全力攻坚；在大庆油田、辽阳石化等企业考察时多次强调要加强科技创新和自主创新。这些重要

论述，着眼建设世界科技强国，明确加强油气领域科技创新和核心技术攻关的重要任务，为推动石油事业发展指明了重要路径、提供了关键支撑。

（三）重要指示批示确定绿色低碳转型的战略任务，是企业高质量发展的领航灯塔

习近平总书记强调，绿色低碳发展是经济社会全面转型的复杂工程和长期任务；能源产业要走绿色低碳的发展道路；减污降碳是经济结构调整的有机组成部分，要先立后破、通盘谋划。这些重要论述，着眼统筹推进"五位一体"总体布局，明确了新时代我国能源清洁低碳的发展方向，标定了能源企业推进绿色低碳转型的发展方向。

（四）重要指示批示明确世界一流企业的远大目标，是企业提升治理效能的科学引领

习近平总书记强调，要深化国有企业改革，培育具有全球竞争力的世界一流企业；要加快建设一批产品卓越、品牌卓著、创新领先、治理现代的世界一流企业。这些重要论述，明确了世界一流企业的标准，深刻阐明了新时代国企改革发展的根本任务，体现了对国有企业的深切关爱和殷切期待，为推进治理体系和治理能力现代化提供了理论支持和实践目标。

（五）重要指示批示赋予石油精神血脉基因，是企业保持基业长青的力量源泉

习近平总书记多次强调，"石油精神是攻坚克难、夺取胜利的宝贵财富，什么时候都不能丢"，并明确其核心为"苦干实干、三老四严"，提出新时代要"大力弘扬大庆精神铁人精神""继承和发扬老一辈石油人的革命精神和优良传统"。这些重要论述，饱含着习近平总书记对石油战线的殷殷嘱托，是石油战线红色基因和优良传统的凝练升华，是新时代新征程石油人砥砺奋进再创新伟业的强大动力。

二、国有企业学习贯彻习近平总书记重要指示批示精神的具体实践

方向清才能步伐稳。中国石油作为国有重要骨干企业、保障国家能源安全的主力军，始终把深入学习贯彻习近平总书记重要讲话和指示批示作为首要政治任务和政治责任，建立健全学习机制，自上而下认真学习、深刻理解，从习近平总书记重要指示批示精神中汲取思想的力量、信仰的力量、实践的力量，在高质量发展道路上踔厉奋发、勇毅前行。甘肃省国有骨干企业也精准把握习近平总书记重要指示批示蕴含的严肃政治要求、鲜明问题导向、科学工作方法，坚定不移地贯彻落实，把总书记的殷殷嘱托转化为奋发笃行的强劲动力、以苦干实干回应总书记厚望。

（一）坚持把习近平总书记重要指示批示作为"第一议题"及时学习

习近平总书记重要指示批示，是习近平新时代中国特色社会主义思想在国有企业的具体化，各企业党委作为"第一议题"学习研究，确保总书记重要指示批示精神落实见效。大庆油田公司党委在大庆油田发现 60 周年之际，第一时间组织专题学习习近平总书记贺信，开展大学习、大宣传、大讨论，让学习贯彻习近平总书记重要指示精神成为最强音，汇聚起推进油田发展的强大力量。抚顺石化公司党委把石油精神和大庆精神铁人精神作为新员工入职培训第一课、员工日常培训重点课、干部晋职培训必修课，抓好系统学习教育，使其成为全员行为标尺。西部钻探公司党委把学习贯彻情况列入党员干部激励约束机制核心内容、年度业绩考核和评先选优重要指标。白银有色公司党委班子成员带头深入基层党建联系点、基层党委班子成员深入车间、党支部书记深入班组宣讲，做到了高频次、全方位、全覆盖。

（二）坚持把习近平总书记重要指示批示作为"第一行动"迅速落实

习近平总书记重要指示批示，内涵丰富、指向鲜明，为国有企业推动改革发展明晰了路径。各企业大力弘扬理论联系实际的优良学风，把学习成效转化为推动事业发展的生动实践。长庆油田公司党委牢记习近平总书记"大力提升勘探开发力度，保证能源安全"的嘱托，将"持续稳产战略"调整为"二次加快发展"，2020年攀上国内油气田产量新高峰。吉林石化公司党委坚决贯彻落实习近平总书记关于疫情防控的重要讲话精神，不折不扣执行国家、省市和中国石油天然气集团有限公司（以下简称"集团公司"）党组部署，取得疫情防控和生产经营"双胜利"。兰石集团公司党委把创新作为驱动发展的第一动力，以科技创新助推生产经营全流程创新，2021年以来营业收入、利润总额、资产总额大幅增长，实现历史性跨越发展。

（三）坚持把习近平总书记重要批示精神作为"第一标准"严格要求

习近平总书记重要指示批示，是习近平新时代中国特色社会主义思想在治国理政中的科学运用，各企业完整准确领会，真抓实干全面落实，把全面从严体现在具体实践中。大庆石化公司党委认真落实习近平总书记关于国有企业改革发展的重要指示批示，完成厂办大集体企业改制，精准实施专业化重组、同质化整合，稳步推进人事劳动分配制度、经营性企业市场化改革举措稳准落地，全面完成国企改革三年行动任务。西北销售公司党委不断完善体制机制，调整优化公司机关组织架构，整合二级机构，精简三级机构，企业治理能力不断提升。金川集团党委牢记习近平总书记视察时重要指示精神，勇担发展中国镍钴事业使命，大力实施创新驱动发展战略，走出了科技创新支撑引领高质量发展之路。酒钢集团公司党委认真落实习近平总书记对祁连山生态保护的重要批示，将生态文明建设融入生产经营各方面、全过程，全面落实生态环境保护、污染防治主体责任，以更高标准打好蓝天、碧水、净土保卫战。

（四）坚持把习近平总书记重要指示批示作为"第一标尺"对标对表

习近平总书记重要指示批示，为新时代治企兴企提供了明确指引。各企业坚持以生产经营管理、改革发展稳定的实际成果，定期检查、定期总结、持续巩固，检验学习贯彻落实的成效。辽河油田公司党委完善贯彻落实习近平总书记重要指示批示任务台账，通过重点督办、日常督办、定期"回头看"等方式进行督查，纳入内部巡察、党建工作责任制考核，对不担当、不作为、慢作为、乱作为的干部严肃问责。华东化工销售公司党委把落实情况作为政治监督的重点内容，制定工作指引，加强监督和"再监督"的事项衔接，对学习贯彻落实中做选择、打折扣、搞变通等情况严肃执纪问责。甘肃销售公司党委将贯彻落实措施实施情况纳入日常工作、党建工作督办，按月通报，并作为党委巡察的重要内容，配套制定措施，抓实学习贯彻落实，不断推动事业取得新成效。

三、兰州石化学习贯彻习近平总书记重要指示批示精神的特色做法

兰州石化公司党委认真落实集团公司党组部署，坚持将深入学习贯彻落实习近平总书记重要讲话和重要指示批示作为重大政治原则，积极探索、深入实践，2019年率先建立学习贯彻落实机制，统筹学习研究、组织实施和监督检查，持续深入学习习近平总书记关于中国石油和中国石油相关工作的重要指示批示、关于黄河流域生态保护和高质量发展的重要指示、对甘肃工作重要讲话精神等，通过健全机制、强化管理、深化学习、推动落实，确保了党中央决策部署落地生根、见到实效，更好地发挥党委把方向、管大局、保落实的领导作用。

（一）突出制度化，建章立制打牢基础

一是建立《学习贯彻落实习近平新时代中国特色社会主义思想和重要指示批示的管理办法》，构建了学习研究、宣传引导、承接落实、监督检查、考核监督"五大机制"。

二是修订《公司两级党委理论学习中心组学习制度》，坚持有学习计划、有交流研讨、有学习通报、有检查考核，推动两级党委理论学习中心组成员加强理论学习，自觉用党的创新理论的最新成果武装头脑、指导实践、推动工作。

三是建立《公司党委第一议题制度》，党委书记领学，党委委员结合分管业务思考发言，认真学习习近平总书记重要讲话和重要指示批示，研究制定贯彻落实的思路措施，确保始终同以习近平同志为核心的党中央保持高度一致。

四是制定《关于推动党史学习教育常态化长效化的实施意见》，组织全体党员干部深入学习习近平总书记关于党的历史的重要论述，深刻领悟党百年奋斗的历史价值和学习党史的重要意义，推动党史学习教育常态化制度化。这些都为兰州石化公司深入学习贯彻习近平总书记重要指示批示提供了坚实的制度保障。

（二）坚持常态化，学深悟透思想内涵

一是两级党委理论学习中心组带头学。年有计划、月有专题，固定每月第二周的周二全天开展理论学习，在公司门户网页开辟学习心得体会交流专栏，每季度调阅二级领导干部学习笔记，引导各级党员领导干部读原著、学原文、悟原理。

二是辅导讲座深入学。定期举办领导干部读书班，邀请中央党校、甘肃省委党校、兰州大学专家学者，围绕党史学习教育、党的百年奋斗重大成就和历史经验、党的十九届六中全会精神、科技创新等专题进行授课辅导，深刻感悟习近平新时代中国特色社会主义思想的真理伟力。

三是配发书籍促动学。配发《习近平谈治国理政》（第三、四卷）《论中国共产党历史》《论坚持党对一切工作的领导》等理论著作，多种形式开展学习，征集二级以上领导干部学习心得 500 余篇，择优汇编《学习与思考》，搭建全员理论学习教育平台。

四是过程管控深入学。建立督学机制，兰州石化公司党委委员参加二级单位党委理论学习中心组学习，党委宣传部每季随机调阅二级单位、机关处室和直属单位学习记录和领导干部学习笔记，建立学习档案，纳入党委书记现场述职和二级以上领导干部年度述职内容。

五是党的二十大精神迅速学。组织二级以上领导干部、先进典型、统战人士、团员青年等，分 42 个会场共 4000 余人观看开幕式直播，1 万余名干部员工利用电视、网络等途径聆听习近平总书记所作的报告，第一时间邀请党的二十大代表、公司一线员工管东红与公司领导班子成员面对面座谈交流，联合中国石油在兰企业、采取视频连线方式举办宣讲报告会，迅速掀起学习宣贯党的二十大精神热潮。

（三）加强规范化，闭环管控引领走深

一是在计划上下功夫，全方位搭建载体。将习近平总书记重要指示批示精神纳入"两学一做"学习教育常态化制度化、"不忘初心、牢记使命"主题教育、党史学习教育内容，每月编发学习资料，开办"石化e学"平台，开展党校集中培训，利用党支部"三会一课"、主题党日，班前班后会学习研讨，先后组织专题党课 922 场、宣讲 2730 场、推送视频材料 160 期，激励全员立足岗位作贡献。

二是在执行上下功夫，围绕中心承接落实。兰州石化公司党委深入分析公司在相关领域现状，研究制定贯彻落实的思路，先后形成了党建"十四五"规划、高质量发展、创新型企业建设、安全"1+19"管理提升、污染防治攻坚战等 43 项长期战略方案，党委 31 项重点任务、121 项当期任务清单，统筹指导各项工作。

三是在检查上下功夫，严格开展执行监督。将学习贯彻落实情况作为党委巡察、党建工作责任制督查的重要内容，先后开展提质增效、疫情防控再监督10次，突出关键风险点、实施104个专项监督项目，建立明责、督责、落责机制，推动学习贯彻落到二级单位党委、贯到基层党支部，保障了重要指示批示精神落地见效。

四是在总结上下功夫，定期抓好结果报告。每年总结学习贯彻落实情况，以主体责任报告的形式向集团公司党组汇报。在内部建立重大事项请示报告制度，将重要指示批示贯彻落实情况列为首要事项，二级单位每半年向公司报告工作进展。通过坚持PDCA循环，实现了贯彻落实、督促检查、结果报告全流程闭环。

（四）紧扣实效化，狠抓落实推动发展

一是注重固本强基，充分发挥党的政治优势。坚持"四同步四对接"，在大部制、扁平化改革中同步建立基层党组织，构建新时期岗检体系，促进基层党建"三基本"建设与"三基"工作有机融合，开展标杆党支部创建活动，"一厂一策"推行党员积分制管理，建立党员责任区、先锋岗、突击队，基层党组织战斗堡垒和党员先锋模范作用有效发挥。

二是聚焦主责主业，有力保障国家能源安全。精炼每滴油、精用每吨料，抓优炼化产品品种、系列、牌号、质量等全链条优化，汽柴油实现从国Ⅳ到国ⅥB标准"三级跳"，全流程打通保税航煤业务，有力保障了市场需求。

三是全面深化改革，持续提升治理能力。实施国企改革三年行动计划，开展任期制契约化管理，优化生产组织模式，组建联合运行部，整合催化剂、检维修、原油采购等辅助业务，实施四班两运转倒班作业形式，完成了厂办大集体企业改革任务。

四是突出创新引领，加快推动科技自立自强。开发32项新产品，2项成果荣获中国石油2021度十大科技创新成果奖，数字化转型智能化发展试点建

设方案正在加快实施,建成集团公司首家三维数字化工厂。

五是坚持绿色低碳,全力实现安全发展绿色发展。贯彻《黄河流域生态保护和高质量发展规划纲要》,确立了"建设黄河流域高质量发展示范企业"战略目标,打好污染防治攻坚战和蓝天碧水净土保卫战,被评为"甘肃省绿色工厂"。

六是强化守正创新,大力传承石油优良传统。建立石油精神和大庆精神铁人精神、兰州石化公司优良传统再学习再教育再传播机制,修订公司《企业文化手册》,广泛开展主题教育、岗位讲述等活动,使"苦干实干、三老四严"成为全员精神支柱。

七是聚焦民生建设,充分彰显国企责任担当。改善生产生活环境,完成操作室基础设施升级、员工食堂改造等一批惠民项目,解决员工"急难愁盼"问题3300多项。开展驻村帮扶、产业培育、消费扶贫、阳光助学和公益事业,被评为甘肃省"脱贫攻坚先进集体"。

在习近平新时代中国特色社会主义思想指引下,兰州石化各项事业蒸蒸日上,"十三五"以来累计加工原油6000多万吨,生产乙烯500多万吨,经营效益持续提升;运用自主知识产权技术建成投产长汀催化剂、长庆乙烷制乙烯、3.5万吨/年特种丁腈橡胶等重大项目,成为国内最大、亚洲第二、全球前三的丁腈橡胶生产商和世界第五大催化裂化催化剂制造企业,乙烯产能突破百万吨大关;坚持把科技创新作为强盛之基、进步之魂,成立兰州石化公司科技创新中心,加快建设一流创新型企业,开发多套具有自主知识产权的成套技术,实施科技项目300余项,研发新产品超200个,获得省部级及以上科技奖励60余项、国家科技进步奖2项,成为集团公司首批炼化数字化转型试点单位;一体推进民生、民享、民富、民安、民乐,深化企业民主管理,加强健康企业建设,办实为民惠民实事,员工的获得感幸福感安全感持续增强;坚持高质量党建引领高质量发展,建党百年之际,兰州石化公司党委被党中央表彰为"全国先进基层党组织"。

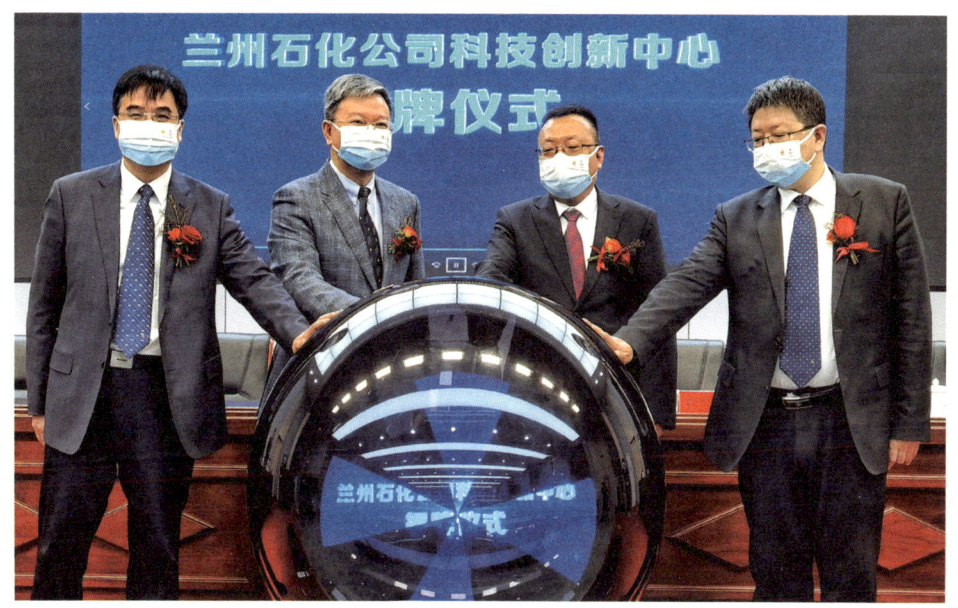

兰州石化公司科技创新中心揭牌仪式

四、持续深化学习贯彻习近平总书记重要指示批示精神，踔厉奋发打造基业长青世界一流企业

党的二十大鲜明提出了"建设马克思主义学习型政党"，这是奋进新时代、担当新使命的重要保障。兰州石化公司党委将把深化学习贯彻习近平总书记重要指示批示精神作为头等大事，按照"三个全面""五个牢牢把握"的要求，持续在学懂弄通做实上下功夫，锚定党的二十大提出的"加快建设世界一流企业"的目标，紧紧围绕集团公司党组部署，坚持解决思想问题与解决实际问题相结合，从学习中明确前进方向、获得理论支撑，在贯彻中坚定使命目标、增强信心决心，全面提升政治领导力、思想引领力、群众组织力、社会号召力，以实际行动和实践成果深刻领悟"两个确立"的决定性意义，做到"两个维护"。

（一）深化学习贯彻习近平总书记关于加强党的领导的重要指示批示，打造听党话跟党走石油铁军

紧扣"办好中国的事情，关键在党""坚持和加强党的全面领导，关系党和国家前途命运，我们的全部事业都建立在这个基础之上，都根植于这个最本质特征和最大优势"等重要论述，坚定不移把学习习近平总书记重要指示批示作为"第一议题"和领导干部任职上岗"第一课"，持续深化集中学习、专题研讨、专家辅导等形式，深刻把握马克思主义中国化时代化成果的历史逻辑、理论逻辑、实践逻辑。通过深入学习领会，不断提高政治判断力，始终听党话跟党走，牢牢把握企业改革发展的正确方向；不断提高政治领悟力，始终把坚持党的领导作为最大原则、把党的建设作为最大管理，站在党和国家事业发展全局的高度谋划推动企业改革发展；不断提高政治执行力，始终牢记"中国石油是党的中国石油、国家的中国石油、人民的中国石油"，确保"总书记有号令、党中央有部署、集团公司有安排、兰州石化见行动"。

（二）深化学习贯彻习近平总书记关于安全生产重要论述，统筹抓好发展与安全

紧扣"安全生产是民生大事，一丝一毫不能放松，要以对人民极端负责的精神抓好安全生产""各级党委和政府特别是领导干部要牢固树立安全生产的观念，正确处理安全和发展的关系，坚持发展决不能以牺牲安全为代价这条红线"等重要论述，采用每周事故案例警示学习、每月党委会专题学习和安全技术大讲堂深化学习、每季 HSE 委员会会议传达学习，深刻认识安全生产的极端重要性，引导全员树牢"安全压倒一切，一切服从安全"的理念，正确处理安全与生产、安全与效益、安全与发展的关系，时刻保持清醒头脑，坚持"任何作业都有风险、任何风险都可管控、任何事故均可避免"，科学把握安全生产的本质规律，紧盯"人的不安全行为"和"物的不安全状态"，以实际行动抓好全员安全生产责任落实、QHSE 体系"1+19"管理提升、隐患排查治理、重大危险源管控、全员安全技能水平提升等，从源头消除不安全因素，时刻做到安全第一、不讲条件，不折不扣、没有借口，坚决维护安全生产长治久安。

（三）深化学习贯彻习近平总书记关于绿色低碳发展的重要论述，打造城市型炼化企业

紧扣"绿水青山就是金山银山"，倡导"绿色、低碳、循环、可持续"的生产生活方式等理念，每季专题学习，编发"环保文化手册"，开展全员大讨论，深刻认识企业地处黄河上游的敏感性，坚决把绿色低碳发展作为生命线，千方百计保护"母亲河"。坚持绿色经营观，突出绿色开发、绿色生产、绿色营销，全力推进"双碳"目标落地和绿色企业建设，建立碳排放监测体系，广泛开展光伏、绿电、绿氢等新能源技术前瞻研究，强化节能减排技术研发应用，深入开展装置节能改造和公用工程系统节能优化，着力提升能源清洁利用效率，大力实施环保达标升级改造和隐患整治，着力打造无泄漏装置、无异味工厂，自觉做习近平生态文明思想的坚定信仰者、忠实践行者、不懈奋斗者，实现企业、环境、城市和人共融共享。

（四）深化学习贯彻习近平总书记关于高质量发展的重要论述，着力推动炼化转型升级

紧扣"高质量发展是全面建设社会主义现代化国家的首要任务"重要论断和"建设现代化产业体系"等推动高质量发展的一系列部署，持续深化"第一议题"学习、专题研讨，深刻把握高质量发展是体现新发展理念的发展，按照集团公司党组"两个阶段、各三步走"的战略路径，科学把握未来发展面临形势和环境，坚持统筹协调发展，实现炼化主营、检维修、科研开发等多种业务协同发展，推动发展质量、速度、规模、安全、环境相统一；坚持转型升级发展，做强做优做精炼化主营业务，提升全产业链竞争力；坚持科技创新发展，大力推进新能源、新材料、新业态发展，牢牢把握发展主动权；坚持绿色低碳发展，锚定碳达峰、碳中和目标，应用高效节能、节水减排、安全环保、资源循环利用关键技术，推进清洁生产；坚持数字智能发展，推动互联网、大数据、人工智能与业务深度融合，打造数字化转型智能化发展示范企业。

（五）深化学习习近平总书记关于科技创新的重要论述，支撑引领高质量发展

紧扣"科技是第一生产力、人才是第一资源、创新是第一动力"等重要论述，举办科技大讲堂，召开科技与信息化工作创新大会全面学习贯彻习近平总书记关于科技创新的重要论述，充分认识到"抓创新就是抓发展，谋创新就是谋未来"，坚持把科技创新作为最核心、最可持续的驱动力，围绕创新主体、创新基础、创新资源、创新环境等健全完善体制机制和配套政策措施，加快建设高素质专业化的创新型人才队伍，成立科学技术协会，与19家知名校企共同打造甘肃省化工新材料创新联合体，紧盯前沿技术研究、新工艺新设备新技术应用、高端高效新产品新材料开发、数字化转型智能化发展、低碳减排和新能源开发，抓好关键核心技术攻关、新产品新材料开发，把兰州石化公司锻造为科技创新"策源地"、技术引领"新高地"、合作交流"汇聚地"、共谋发展"根据地"、攻坚克难"主阵地"、人才培养"孵化地"，支撑当前、引领未来，为科技强国、产业兴国作出积极贡献。

（六）深化学习习近平总书记关于全面从严治党的重要论述，持续强"根"固"魂"

紧扣"时刻牢记全面从严治党永远在路上，党的自我革命永远在路上，决不能有松劲歇脚、疲劳厌战的情绪，必须持之以恒推进全面从严治党"的嘱托，坚持专题党课集中学、党支部"三会一课"全员学、党委书记述职交流学、党建责任制检查讲评学，各级党组织和党员干部深切体会到，必须始终坚持严的主基调，推动全面从严治党向纵深发展、向基层延伸，才能把公司各级党组织建设得更加坚强有力，当好推动企业高质量发展的主心骨。围绕增强党组织政治功能和组织功能，建立健全全面从严治党主体责任、监督责任落实体系，严肃党内政治生活，深入推动基层党建"三基本"建设与"三基"工作有机融合，开展全覆盖的政治巡察，深化纪检、审计、财务、法律、人事、内控等一体化监督，严格干部监督管理，强化执纪问责，努力营造风清气正的良好政治生态，把"根"扎得更深、"魂"铸得更牢。

五、学习贯彻习近平总书记重要指示批示精神的启示

在学习贯彻的实践过程中，兰州石化公司党委取得了以下四点启示。

（一）必须在完善机制、建立标准上下功夫

学习要有目标、贯彻要有措施、落实要有标准，学习贯彻就能有的放矢、学出成效。抓好学习贯彻习近平总书记重要指示批示精神，必须不断完善导学、督学、促学、助学、互学等一系列学习机制，切实推动走深走实、入脑入心，才能精准把握新理念、新论断，落实好新任务、新举措，在新时代新征程中走在前列。

（二）必须在闭环管理、一贯到底上建真功

闭环管理、一贯到底是把工作抓早、抓小、抓细、抓实的科学方法和有力举措。学习贯彻习近平总书记重要指示批示精神，必须建立计划、实施、监督、考核的管理循环，打通"专业墙"，疏通"系统链"，才能推动新思想新论断落到每个党支部和每名党员，凝聚起推动高质量发展的强大合力。

（三）必须在融会贯通、固"根"铸"魂"上抓长效

学习贯彻习近平总书记重要指示批示精神，要与学习马克思主义基本原理贯通起来，与贯彻落实集团公司党组决策部署贯通起来，与推动生产经营、改革发展、党的建设贯通起来，体现整体性关联性协同性，才能吃透精髓要义，把握精神实质，推动贯彻落实。

（四）必须在联系实际、学以致用上求实效

"学"的目的就是指导实践，只有通过实践，才能检验学习成效。学习贯彻习近平总书记重要指示批示精神，必须坚持学懂弄通做实，做到学思用贯通、知信行合一，把学习成果转化为推动实践的科学方法、强大动力和实际行动，确保企业行稳致远。

（主研人：吴　凯　陈爱忠　黄小虎　牟　伟
　　　　　祁　亮　于伟杰　王宏亮　刘　奇）

企业文化融合的探索与实践

独山子石化公司

中国石油独山子石化公司(以下简称"独山子石化")是我国大型石化基地,西部重要的油气引进、储运、加工的战略枢纽,具备1000万吨/年原油加工、200万吨/年乙烯、45万吨/年合成氨、80万吨/年尿素生产能力、45万千瓦发电和500万立方米原油储备能力,可生产燃料油、树脂、橡胶、化肥等16大类500多种石化产品,资产总额达到273亿元。

一、背景

2020年9月25日,为充分发挥专业化发展、一体化统筹的产业链优势,经集团公司党组研究决定,将中国石油塔里木油田公司(以下简称"塔里木油田")管理的塔里木石化分公司(以下简称"塔化肥")、60万吨/年乙烷制乙烯工程建设项目经理部(以下简称"塔乙烯")等化工业务(以下统称"塔石化")划转独山子石化,作为独山子石化二级特类单位管理。

重组融合,文化先行。企业文化融合是促进业务重组的重要因素和强大动力,对重组企业发展有重要实践意义。

二、研究探索

独山子石化将企业文化融合作为加强新时代先进石油文化建设的重要研究课题，进行了深入调查研究。

（一）广泛调查，做好求真务实必修课

独山子石化公司主要领导在重组融合之初，就频繁与塔里木油田公司以及塔石化所在地巴音郭楞蒙古自治州（以下简称"巴州"）、库尔勒市两级党委、政府主要领导进行座谈交流，充分了解企业文化、治理体系、生产经营理念、员工队伍等现状，实地调研发展环境、地方政策支持等问题。独山子石化公司各级领导干部结合实际，分批次前往调研，深入实际、深入基层、深入群众，多层次、全方位、多渠道、立体化了解塔石化干部员工所急、所盼、所忧、所愿，调研内容涵盖党的建设、企业文化、安全生产、制度建设、员工薪酬、福利待遇、人才培养、工程进展、后勤服务等各个方面。

（二）全面分析，谋划接续奋斗新篇章

独山子石化以"解剖麻雀"的态度，运用科学的世界观和方法论对调查的情况进行了去粗取精、由表及里的全面综合分析，得出塔石化与独山子石化在企业文化上存在的"三同三不同"。

1. "三同"

（1）初心使命同符合契。独山子石化初创于1936年10月，经历三次转型升级后，于1995年实现了由单一炼油向炼化一体化的重大转型。进入新世纪，国家规划建设了中哈原油管道，为就地加工哈萨克斯坦高含硫原油，中国石油投资300多亿元，建设独山子千万吨炼油百万吨乙烯工程，独山子石化一跃成为当时国内最大的炼化一体化公司。塔里木油田的油气勘探始于20世纪50年代初。1989年4月10日，为贯彻党中央、国务院关于陆上石油工

业"稳定东部，发展西部"战略部署，成立塔里木石油勘探开发指挥部，展开了一场新型石油大会战。经过33年的发展，塔里木油田成为我国第三大油气田和西气东输主力气源地。两家公司都是在党的光辉照耀下发展壮大的，发展历程也都镌刻着党和国家领导人亲切关怀。牢记央企姓"党"，坚定不移地听党话、跟党走，做党和国家最可信赖的骨干力量是共同初心，保障国家能源安全，促进新疆社会稳定和长治久安，助力建设新时代中国特色社会主义新疆是共同使命。

（2）精神文化一脉相承。独山子石化在波澜壮阔的发展历程中锻造了"忠诚石油，埋头苦干，精细管理，勇创一流"的独山子优良传统，喊出了"越等时间越晚，越靠思想越懒，越要志气越短"等激昂口号。塔里木油田在筚路蓝缕的创业实践中铸就了"艰苦奋斗、真抓实干、求实创新、五湖四海"的塔里木精神，喊出了"只有荒凉的沙漠、没有荒凉的人生"豪迈誓言。独山子精神和塔里木精神的核心要义都与石油精神和大庆精神铁人精神历史同根、精神同源、价值同向、一脉相承，其历史逻辑、理论逻辑、实践逻辑高度契合、形神一致，其鲜明特质都集中体现为艰苦创业、埋头苦干，其精华精要都聚焦为"干""实""严"。

（3）雄心壮志不谋而合。独山子石化是我国在用乙烯年产能最大的企业，是中国石油天然气集团有限公司（以下简称"集团公司"）第一方阵的炼化企业，发展愿景是全力创建世界一流示范企业。塔里木油田是我国最大超深油气生产基地，是集团公司最具发展潜力的地区公司，战略目标是率先建成世界一流大油气田。两家公司"争创世界一流"的蓝图不谋而合，立足全局谋发展、志存高远争一流的雄心壮志在潜移默化中都培养了干部员工的国际化大格局、大视野、大情怀。

2. "三不同"

（1）城市文化不同。独山子石化所在的独山子区隶属于克拉玛依市。独山子区全区总面积400.34平方千米，总人口约8万人。由于历史原因，2015年以前，独山子石化一直承担着企业办社会的职能，独山子是一座典型的矿区城市。塔石化所在的库尔勒市是巴州首府。库尔勒行政区面积7268平方千米,总人口约50万人,是南北疆重要的交通枢纽和物资集散地。两座城市的历史、定位和规模直接导致了两种不同的城市文化。对于独山子,人口构成、产业结构单一,没有大城市的繁华与热闹,大部分居民都是职工或者职工家属,他们既是企业发展的参与者,也是城市建设的参与者,大家的归属感很强。而库尔勒市是一座历史悠久且发展迅速的城市,在疆内属于大型现代化城市,人口众多、产业丰富,城市活力、发展潜力较大,城市基础建设更加完善,商业更为发达,医疗教育水平更高,文化娱乐生活更为丰富多彩,人民生活品质、优越感、满足感相对更高,吸引力更大。

(2)管理文化不同。独山子石化由于生产的连续性,生产布局紧凑,上下游紧密衔接、环环相扣,加之高温、高压等严苛的生产条件,为确保安全平稳生产,就必须要实行严格、精细、集中的管理文化。员工上班时,一进厂区便与生活分割开来,全身心投入生产操作中。非上班时间,居民区与厂区相距不远,厂内一旦发生应急情况,干部员工第一时间获悉、第一时间返岗。炼化业务在塔里木油田不是核心业务,管理上难免会出现重油田、轻炼化的情况。塔里木油田作业区点多面广,较为分散,远离总部,远离社会依托,建有配套的生活基地,多采用"工作半个月休息半个月"或者"工作十天休息十天"等集中工作、集中休息模式,导致员工在作业区的时候,工作、生活界线不明显,员工休息回到市区的时候,工作、生活又相隔太远。塔里木油田使用的乙方人员较多,长期和油田的员工工作、生活在一起,乙方人员或多或少存在的作风散漫等现象也会在无形中影响油田员工。

(3)技术储备创效方向不同。塔里木油田坚持资源为王,聚焦深层油气勘探,加强工程技术攻关,致力于油气勘探开发。独山子石化处于"原料受限于上游,产品由市场决定"两头在外的局面,致力于眼睛向内,紧紧围绕出血点,想方设法少耗能多产出,殚精竭虑将每一滴原油吃干榨尽。坚持市场、效益导向,大力开发"市场需求大、技术含量高、经济效益好、绿色环保"的新产品,不断增强市场竞争和产品创效能力。因此,在技术侧重点上油田重在"开源",炼化企业重在"节流"。业务重组后,从塔里木油田划转的员工队伍,即便大部分来自于塔乙烯、塔化肥、泽普石化等炼化业务,但是缺乏大乙烯开工运行经验,在乙烯、聚乙烯、聚丙烯、橡胶等精细化工领域,技术水平、操作技能储备尚显不足。

三、具体实践

为找准切入点和着力点,化解员工改变固定工作模式、跳出舒适圈的突出矛盾,在共性认识的基础上,求"大同"存"小异",建立具有连续性、一致性的文化,确保实现文化融合"1+1=1",产生效益"1+1＞1"的效果,独山子石化结合实际,守正创新,坚持加强党对新时代先进石油文化建设的全面领导,牢固树立"大抓基层、实事求是、担当作为、狠抓落实"的鲜明导向,凝聚全员力量,锚定关键"六点",推进"六个融合",全面推动企业文化融合走深走细走实。

(一)以增强凝聚力为根本点,抓深思想融合

独山子石化把与塔石化企业文化中的相同点作为重要抓手,在原有基础上继续发扬光大,在相得益彰中稳步融合,不断夯实全体员工共同思想根基。

一是强化理论武装,坚定理想信念。认真落实"第一议题"制度,始终把学习贯彻习近平新时代中国特色社会主义思想作为首要政治任务,结合中国共产党成立100周年、党的二十大胜利召开等重大历史节点,深入开展党史学习教育,及时跟进学习习近平总书记最新重要讲话和指示批示精神,弘扬伟大建党精神,完整准确贯彻新时代党的治疆方略。利用"三会一课"、生产会、班前会开展微宣讲、微党课,通过"铁人先锋""学习强国"APP等载体,推动新时代党的创新理论进车间、站队、班组。

二是推进文化引领,弘扬石油精神。大力实施"文化引领"战略举措,

将参观独山子展览（博物）馆、新疆第一口油井等石油精神教育基地，作为新分员工入职培训第一课，邀请专家讲述独山子石化发展历程，以新分员工为辐射点，在塔石化传播公司百年艰苦创业、改革发展、接续奋斗的辉煌历程。文联工作延伸、覆盖塔石化，激励文艺爱好者创作突出石油特色的文艺精品，发挥石油精神强大的价值引导力、文化凝聚力、精神推动力，以文化人。以塔乙烯工程建设实际创作演绎的情景诗朗诵《盛开在沙漠戈壁的宝石花》，在集团公司2022年线上新春团拜会上播出。

三是构建政治文化，统一行动意志。印发公司党委《关于"听党话、跟党走、公平公正、健康向上"政治文化建设实施方案》（以下简称"方案"）。政治文化既是对独山子石化抓好基层党建的理论意义、实践路径的概括，也是对成功经验的总结，得到了广大干部员工的普遍认同。方案重点论述了政治文化落实落地、指导全局的实现路径，对各方面工作具有重要的现实指导意义，以特色鲜明的政治文化，引领前进方向，凝聚创业共识，激发昂扬斗志，筑牢全员共同思想基础和价值追求。

（二）以促进内驱力为突破点，抓实理念融合

独山子石化坚持普及、推广、树牢长期以来总结凝练、经实践检验的有效理念，推进塔石化员工在认知和习惯上由油田特色向炼化特色转变。

一是树牢"大平稳就是大效益"生产经营理念。以装置安稳长满优运行为目标，推进生产运行缺陷排查与整改工作，抓好生产受控管理，重点做好开停工、转产、检修工艺处理和界面管理，严格落实操作卡的执行。强化"波动即事故"意识，推进工艺设备管理提升，深化平稳率超差实时分析、系统整治，开展大机组特护、高故障率机泵治理、设备防腐蚀等专项活动。落实工艺报警管控要求，消减无效报警，管控有效报警。优化转、试产方案，合理安排新产品开发和新剂试用次数。突出抓好塔乙烯技术消化和塔化肥平稳优化生产。

二是树牢"全员、严管、科学"安全理念。强化履职尽责，扎实推进

安全生产专项整治三年行动,重点向塔石化干部员工讲清、讲透炼化生产特点,全面开展"风险大辨识、隐患大排查"活动,加大发现隐患员工奖励力度,全面提升员工安全意识。严格落实"三管三必须"要求,靠实安全生产"记分制"、高危作业"区长挂牌制",狠抓反违章活动,抓早、抓小、抓预防。研究、引进安全管理的先进理念、科学方法和信息化技术,提升隐患排查治理的系统性、深入性和及时性,推动从"要我安全"向"我要安全"转变,引领和推动安全治理体系和治理能力现代化。

三是树牢"人人皆可成才,人人尽展其才"人才理念。聚焦"六大人才专项工程"和"生聚理用"人才发展机制,运用工程思维统筹三支人才队伍建设。人才培养坚持精准施策、扬长避短、包容个性、量才任用,宜专则专、宜全则全,不求全责备。干部选拔坚持事业为上、以事择人、人事相宜,不唯票、不唯分、不唯学历是从、不让老实人吃亏。选优评先靠实绩,突出"干出来、赛出来、比出来"的导向。科研、生产单元实施双序列改革,畅通人才成长通道,探索构建多种要素参与、更加公平有效的考核分配机制,收入分配向骨干、一线倾斜,活分配比例提高至50%。

(三)以提升执行力为关键点,抓严制度融合

独山子石化按照"一个体系、一套制度、一贯到底"思路,运用"定标准、建机制、抓考核"方法,重点做好"四个确保",推动制度流程再造和优化。

一是收放结合确保制度覆盖无死角。按照"宜收则收,宜放则放,收放结合"的原则,加快制度体系完善,厘清职责界面,理顺工作流程。针对通用性制度,原则上直接执行不再转化;针对涉及员工切身利益以及特有事项的制度,原则上执行塔石化原有制度;针对业务外包管理、操作员仿真培训系统管理等塔石化制度未涵盖事项,纳入本部总体制度,修订完善。生产、财务、人事等12个部门明确14个大类授权事项,适度授权,保障自主管理权限。

二是因材施教确保制度运行非繁缛。逐项评估本部制度，结合塔石化业务特点，高质量开展制度转化，避免简单粗暴叠加产生"两张皮"现象和强制执行、照抄照搬导致不适用情况，持续开展"我为制度提建议"活动，从适应性、操作性、系统性出发，动态修订完善制度。重组初期，塔化肥聚焦基础管理，直接执行239项、转化118项，塔乙烯聚焦工程建设和生产准备，直接执行130项、转化78项，组织编制新增外委制度17份。塔化肥、塔乙烯整合后，与本部同步修订完善制度，直接执行234项，转化100项。

三是依法守法确保制度合规零隐患。重点熟悉、掌握巴州、库尔勒地方性法规，组织识别评价适用的法律法规，修订相关制度。突出重点领域合规管控，结合"三重一大"决策事项，确保重大涉法事项法律论证，快速推进塔化肥营业执照变更，完成塔乙烯开车前必需的11项证照和手续办理，完成施工、移动式压力充装等许可证办理。强化合同、招标基础管理，塔化肥重点关注包装储运、机械维修、装置检修等外委业务承包商变更的合规性，塔乙烯重点强化工程建设类、服务类业务的合同招标及履约全过程管理。

四是言传身教确保制度执行不打折。组织塔乙烯开工、运行储备人员到本部实习，在学习操作技能的同时，加强制度培训，提高制度意识和执行力。塔乙烯建设、开工期间，挑选本部施工管理、安全监督、人力资源、办公文秘等专业骨干，到项目现场轮流值守，指导、带领对口专业人员开展工作，发现、化解制度执行过程中的难点、疑点。组织塔石化的技术管理人员、机关管理人员到本部机关部门及相关单位交流挂职，紧盯制度执行关键环节，交流学习优秀经验，切身感受制度执行氛围。

（四）以强化竞争力为出发点，抓强管理融合

独山子石化以对标世界一流为切入点，找到塔石化"少人高效"与本部"精益化"管理特点共生互利的汇聚点，抓好"三个聚焦"，深入推进治理体系和治理能力现代化建设。

一是聚焦关键少数，示范引领提升管理效能。抓住领导干部这个"关键

少数"，以上率下，以点带面，保证战略目标保持一致，带领干部群众，上下一心，接续奋斗。重组初期和塔乙烯建设期间，公司主要领导及领导班子成员主动作为，积极与自治区、巴州、库尔勒市相关部门联系，加强合作，紧盯业务划转、工程建设等关键节点，协调解决工程建设、设备运输、疫情防控等方面的问题。选派对乙烯项目建设有丰富经验的副总经理，担任塔乙烯工程建设指挥部的总指挥。后又选派曾担任过乙烯厂厂长的副总经理，兼任整合后的塔石化执行董事、党委书记。

二是聚焦重点难点，发挥合力突出管理优势。借鉴独山子百万吨乙烯工程建设经验，选派精兵强将与项目原有人员组成工程建设指挥部。投入大量人力、物力和精力，强化目标驱动、过程管控和结果导向，确保工程建设顺利，按期完工。统筹本部和塔化肥各专业领域的拔尖人才，抽调近百名专家骨干提前介入预试车及试车工作，确保一次开车成功。发挥劳模与工匠人才（技能专家）创新工作室的团队优势，组织本部焊接、炼油、乙烯等专业的技能专家，与化肥专业专家跨单位、跨工种开展技术攻关，解决化肥装置长周期运行难题。

三是聚焦精简高效，深化改革优化管理模式。按照"行政管理集约化、技术管理专业化、生产运行现场化"思路，撤销分厂建制，将18个联合车间重组为10个联合运行部，整合消防内保、职工培训等业务，塔化肥、塔乙烯同步实施扁平化改革。按照优化、协同、高效和职能综合化的方向，精简两级机关部门、直附属机构、内设科室，打破壁垒、拓宽视野，降低部门间、部门内管理协调成本和管理负荷。

（五）以激活战斗力为落脚点，抓细行为融合

独山子石化坚持柔性文化引领与刚性制度约束相结合，通过"三个坚持"，持续规范员工行为准则，激发个体创造力，激活团队战斗力。

一是坚持关心关爱，凝聚行为合力。将传承本部"家"文化作为核心内容，精准制定对策，切实解决员工的痛点难点堵点问题。帮助274名塔乙

烯员工办理团购购房手续，解决 23 名塔乙烯员工配偶就业问题。做实五清楚六必访七必谈，员工或家属生病住院及时探望问候，在岗员工过生日，送上生日礼品。塔乙烯开工关键阶段，在控制室、员工公寓设立包含水果、饮料、网红零食的能量补给站。新冠疫情期间，紧急采购物资，保障集中住宿、驻厂办公员工基本生活。节假日主动慰问坚守在检修、生产一线的员工。

二是坚持正向激励，促进行为规范。加大立功授奖力度，广泛开展"五新五小"创新成果、专项劳动竞赛、青工创新创效、提质增效"金点子"征集等活动，强化《员工职业道德规范》《员工文明礼仪行为规范》宣贯，大力评选、表彰隐患"克星"、巡检标准化优秀员工、提质增效明星、安全卫士、文明礼仪之星等先进，激励员工在生产、经营、科研、服务、管理等方面全方位养成良好行为习惯。

三是坚持培育先进，树立行为标杆。按照自上而下的培养选树机制和自下而上的工作网络，在塔石化深入挖掘选树先进典型，发挥"弘扬石油精神"大讲堂文化品牌效应，让劳动模范、技能标兵、科技带头人、优秀班组长走上讲台，成为可敬可亲、可信可学的身边典型，让石油精神、劳模精神、科学家精神、工匠精神深入基层、扎根基层，引领广大员工一言一行向榜样看齐。

（六）以扩大影响力为着力点，抓好形象融合

独山子石化坚持"三个注重"推动企业形象融合，以企业文化外化表现拉近员工的心理距离、情感距离。

一是注重视觉识别，统一公众印象。以集团公司视觉识别元素为基础，按照《独山子石化标识识别管理规定》明确的标志、标准字、标准色，统一更换塔石化厂区大门、装置区、职工食堂、宿舍、办公楼等属地出现的企业标识、宣传展板等。在塔石化门户主页以及各类会议、文化活动设置横幅、标语等展示内容时，醒目突出"独山子石化"字样。紧急采购、迅速调送统

一的炼化工作服、安全帽等劳动保护用品，集中整齐更换。集团公司发布新版工作服后，统筹本部和塔石化，统一更新。为确保市场不受影响，化肥产品延续原有包装，化工产品统一采用本部标准包装。

二是注重新闻宣传，刷新固有印象。抓住新闻宣传"展形象"的使命任务，补齐塔石化新闻队伍短板，以"独山子石化塔里木石化分公司"为统一宣传口径，广泛报道相关事项，潜移默化改变塔石化在员工群众、社会公众中的固有印象。选派本部专业骨干记者驻扎塔乙烯项目建设现场，全方位、多角度采集画面，精心采制项目建设重大节点纪实报道。增补塔石化一名宣传骨干为中国石油报独山子石化记者站记者。邀请中央驻疆媒体及自治区主流媒体参加塔乙烯建成投产媒体开放日活动，全流程、立体化宣传报道。

三是注重以人为本，提升社会形象。常态化、长效化开展"我为员工群众办实事"实践活动，提高社会公众对独山子石化的整体认识和综合评价。塔乙烯对标本部，开展植树造林、道路硬化，持续调整绿化布局，打造环境优美、干净整洁的花园式工厂。高标准建好塔乙烯倒班公寓，修缮塔化肥公寓，新建本部青年公寓，统一设置健身房、棋牌室、学习活动室、公用厨房等，配备隔音防盗门、遮光窗帘、WiFi等，满足住宿员工生活、休闲、学习、娱乐需求。关注员工身心健康，派专业健康顾问在塔石化开展EAP拓展培训和健康知识讲座、健康导引体验等活动，组织BMI值偏高人群参加减脂减重挑战赛。针对青年员工婚恋交友难题，与当地政府联合开展青年交友联谊活动。

四、取得的成效

通过企业文化融合的探索与实践，独山子石化上下思想更加统一，步调更加一致，"一家人、一条心、一盘棋"成为全员普遍的思想共识，"天山南北铸重器，当好大国'顶梁柱'"成为全员共同的价值导向，南北疆业务互补共促、比翼齐飞的发展格局生动呈现。

（一）重点工程在建设运行中屡创新记录

塔里木60万吨/年乙烷制乙烯项目具有引领天然气资源高附加值综合利用和降低国外乙烯工艺技术依赖的双重示范作用，被国家发改委、工信部列为国家乙烷裂解制乙烯示范工程。2019年6月19日该项目开工建设，2021年7月17日建成中交。项目隐蔽工程验收合格率100%，工艺管线焊接一次合格率98.5%，达到国内行业一流水平。2021年8月30日，塔乙烯产出合格产品，实现了"零事故、零伤害、零污染、零泄漏"绿色高效高质量开工，创造了国内同类装置建设工期、安全业绩、开工效率的全新纪录。项目投产以来，乙烯装置长周期运行开创了国内新纪录，实现了"建得好、开得起、稳得住、高效益"的目标。

塔里木乙烷制乙烯项目装置区

（二）员工队伍在攻坚克难中彰显新担当

塔乙烯青年员工在本部实习期间创作的《我来独山子的第一次》，饱含了对企业文化的深刻认同，获得集团公司第六届新媒体内容创作大赛图文类三等奖。塔化肥张锡德被中国设备工程专家库聘为高级专家。2022年10月31日，经过267名员工近80天"吃住在厂""不分昼夜坚守检修一线"的封闭式鏖战，塔石化克服因疫情防控导致的人员不足、运输不畅等困难，高质量完成化肥业务建成投产以来规模最大的检修，实现了环保停工、安全检修、一次开车成功。

（三）生产经营在对标一流中打造新实力

2022年，独山子石化全年原油加工量774.1万吨、同比增长6.1%，创8年来新高；乙烯产量197.7万吨、同比增长23.5%，创历史新纪录，其中，塔乙烯在首个完整运行年度全面突破设计产能，生产乙烯60.09万吨；化肥装置连续运行575天、创行业新水平。实现销售收入670.2亿元、上缴税费118.8亿元。炼油综合商品率、三套乙烯总能耗等23项指标排名中国石油前三、12项第一，200万吨/年加氢裂化能耗、22万吨/年乙烯收率等35项指标好于同期。110万吨/年乙烯装置蝉联全国乙烯行业能效"领跑者"企业。塔化肥荣获中国石油和化学工业联合会合成氨水效"领跑者"标杆企业。

（四）发展环境在关怀支持中打开新局面

2022年元旦，新疆维吾尔自治区党委书记马兴瑞深入独山子石化公司本部生产现场，看望慰问各族干部员工，重点了解了塔里木二期乙烯工程进展，明确表示大力支持石油化工发展。2021年9月11日，集团公司董事长、党组书记戴厚良到塔乙烯项目调研，向项目所有参战人员、全体干部员工表示亲切慰问。2020年10月20日，在合并重组之初，集团公司党组副书记、安全总监段良伟，到塔里木油田调研，了解化工业务重组工作进展，协调解决有关问题。新疆维吾尔自治区党委常委、政府领导及克拉玛依市、巴州等地方政府主要领导同志先后到独山子石化公司本部及塔石化调研，帮助协调解决问题，并表示将认真贯彻自治区党委部署，为企业做好服务，优化营商环境，协同做好石化产业链延链、补链、拓链、强链工作。

（五）企业形象在履行责任中开辟新境界

塔乙烯年产值 50 亿元，每年上缴税费近 7 亿元，可在南疆形成以乙烯为龙头和主导的产业集群，有效带动下游产业发展，间接为南疆地区应届毕业生、农村富余劳动力提供岗位 200 多个，对促进全面建成小康社会、乡村振兴意义重大。塔化肥每年供应新疆 40% 的化肥，填补了南疆大颗粒尿素空白，保障了南疆农业发展用肥需求，为南疆农民致富增添了后劲。独山子石化摄制的塔乙烯储运包装单元的叉车工群体微纪录片《南疆的"古丽"笑了》荣获第八届石油和化工企业品牌故事征文比赛视频类一等奖。2021 年，中央电视台新闻频道《新闻直播间》播出时长 1 分 52 秒的新闻《塔里木乙烷制乙烯工程建成投产》，中央媒体、新疆维吾尔自治区媒体、行业媒体、集团公司媒体、知名网络媒体、巴州媒体共 130 余家媒体集中报道了塔乙烯一次开车成功的消息。

五、结束语

企业文化融合是一个持续性的过程，是一件久久为功的事情。独山子石化将把全面深入贯彻落实党的二十大精神作为当前和今后一个时期首要政治任务，推动党的二十大精神深入天山南北、深入基层、深入群众、深入人心，以新时代党的创新理论武装头脑、指导实践、推动工作，坚持在实践中认识，在认识中实践，多谋长远之策，多行固本之举，增强、巩固全员对企业文化的政治认同、思想认同、理论认同、情感认同，积极建设新时代先进石油文化，铸企业之魂、谋企业之道、育企业之本、聚企业之力、塑企业之形。

（主研人：王中强　吕宏安　赵贞　张瀚　刘杨　时平）

加强新时代先进石油文化建设发挥文化引领作用实践与研究

华北石化公司

国家之魂，文以化之，文以铸之。习近平总书记指出，文化自信是最基本、最深沉、最持久的力量。党的十九大报告将高度的文化自信和文化的繁荣兴盛上升到了关系中华民族伟大复兴的历史高度。党的二十大报告中，习近平总书记又作出推进文化自信自强、铸就社会主义文化新辉煌的重大战略部署。

企业文化是企业的灵魂，企业发展短期靠产品，长期靠文化。成功的企业始终致力于企业文化建设。2022年，中国石油天然气集团有限公司（以下简称"集团公司"）党组印发《文化引领专项工作方案》，将文化引领纳入集团公司"四大战略举措"，加快建设新时代石油先进文化，更好发挥以文化人、以文铸魂、以文培元、以文弘业作用，推进实施文化强企。

中国石油华北石化公司（以下简称"华北石化"）第一时间响应，结合企业实际制定《华北石化公司党委文化引领工作实施方案》并配套下发文化引领重点工作分解表，推动建设以石油精神和大庆精神铁人精神为核心，以华北石化特色企业精神和"一主多元"特色企业文化理念体系为支撑，惠及精益管理、绿色低碳、廉洁自律等各项工作的新时代石油先进文化，切实将企文化优势转化为竞争优势发展优势，为奋进高质量发展、推进"标杆炼厂建设"提供强大的价值引导力、文化凝聚力、精神推动力和核心竞争力。

一、从历史维度体认文化引领的重要意义

文化能够塑造人的精神世界,建设人的精神家园,激发人的精神力量。纵观党史、石油工业发展史及华北石化发展历程,文化和精神的力量始终是支撑我们取得一个又一个胜利的坚强保障。

(一)纵观党的百年体认文化建设的非凡意义

文化建设在中国共产党革命、建设、改革的不同时期发挥了极其重要的作用,从新民主主义革命到社会主义建设发展,文化建设为党和国家事业的发展提供了强大的精神动力和思想保证。

新民主主义革命时期,党团结带领人民创办报刊,出版马克思主义经典著作和革命书籍,倡导根据地文化建设,进行马克思主义理论教育,利用马克思主义理论和舆论宣传发动工人运动和农民运动,为推翻"三座大山"、争取民族独立和人民解放发挥了重要作用。新中国成立后,党团结带领人民进行了破旧立新的文化建设,在改造旧社会和建立新社会的文化实践中形成了社会主义文化观,在此基础上,解放思想、锐意进取,普遍开展群众性精神文明建设活动,倡导构建和谐文化,为取得社会主义建设伟大成就提供精神支撑。党的十八大以来,党在团结带领人民在举旗帜、聚民心、育新人、兴文化、展形象的文化实践中逐步形成了新时代中国特色社会主义文化,面对新形势新任务,文化建设将全党全国人民的士气鼓舞起来、精神振奋起来,汇聚起建设社会主义现代化强国、实现中华民族伟大复兴中国梦的磅礴力量。

(二)纵观石油发展史石油文化始终引领百万石油人接续奋斗

在大庆石油会战时期,面对生产生活的艰苦条件,全体职工学习"两论",自觉地把多找石油,多生产石油与国家的命运联系起来,在困难的条件下艰苦创业,"宁肯少活二十年,拼命也要拿下大油田"成为当时会战职工的豪迈誓言。以"两论"为指针,开发建设好大油田也成为了石油会战的

致胜法宝，带动石油人取得了华北油田、胜利油田、大港油田等多个会战的胜利。同时，陆续兴建了茂名、大庆、南京、胜利、东方红、荆门、长岭等18个大中型炼油厂，到1978年，全国原油年加工能力已达9291万吨，彻底摆脱了我国"贫油国"的帽子。时至今日，大庆精神铁人精神始终是中国石油人不畏艰辛、攻坚克难的制胜法宝，已经成为中华民族伟大精神的重要组成部分。百万石油人深入学习贯彻落实习近平总书记"大力弘扬以'苦干实干''三老四严'为核心的石油精神"的重要批示精神，在疫情防控、提质增效、绿色低碳、高质量发展等工作中接续奋斗。

（三）纵观企业发展史石油文化始终指引企业高质量发展

石油化工是国民经济的基础和支柱产业，作为确保国家能源安全的重要一环，炼化企业要永续发展就必须紧跟国家能源发展战略，主动适应市场需求，不断提升核心竞争力。华北石化公司从1985年开始筹建，三十多年的发展展现了我国炼化产业不断升级发展的历程。由一个加工规模仅有15万吨/年的小型炼厂起步，历经一次又一次的升级改造，发展到30万吨/年、100万吨/年、300万吨/年、500万吨/年，一直到现在的1000万吨/年加工规模，历届领导班子都将文化建设融入企业发展建设，一届接着一届干，以"没有条件，创造条件也要上"的创业精神，以"忠诚敬业、担当负责"的创优精神，以"尊重科学、与时俱进"的创新精神，鼓舞了一大批有着崇高理想、坚定信念的华北石化人投身于企业的建设发展中。在起步创业阶段，华北石化着重培育"创新、拼搏、团结、奉献"的企业精神，确立"团结求实、开拓创新、文明奉献、安全进取"的工作方针；1995年进入持续成长阶段，华北石化公司党委在践行集团公司企业文化的基础上，开始建设华北石化自身文化，形成了"善待员工、共创和谐"的和谐观，"完成本职工作是员工最低道德底线"的职业道德观等一系列文化理念；党的十八大以来华北石化进入跨越式发展阶段，总结提炼出华北石化特色企业精神，形成了企业文化理念体系，归纳总结了"三讲一回头"等近30项贴合企业实际的管理提升经验做法。

二、把文化优势转化为企业高质量发展效能的思考

党的二十大报告强调，要以社会主义核心价值观为引领，发展社会主义先进文化，弘扬革命文化，传承中华优秀传统文化。对于国有企业来讲，紧跟党的二十大精神发展企业文化的同时，将文化优势转化为企业高质量发展效能十分重要。

（一）充分认识党的领导是确保文化建设取得成效的核心要素，深刻理解文化建设在保持企业党组织先进性和战斗力方面的作用

党的领导是发展先进文化的先决条件，是文化建设取得成效的核心要素。党建工作是国有企业发展的政治优势，同时也为企业文化建设指明了道路。高度认同的企业文化理念能够激发党员领导干部干事创业的干劲儿，为各级党组织充分发挥把方向、管大局、保落实作用注入精神力量，增强党组织战斗力，保持旗帜鲜明讲政治、永远听党话跟党走的鲜亮底色。

（二）充分认识高效执行是推动文化建设落地落实的关键所在，深刻理解文化建设在凝心聚力汇聚发展合力方面的作用

执行力是管理战略和目标实现的关键环节，缺乏高效执行的企业文化理念只能停留在喊口号层面，无法转化成为促进企业发展的有效力量。同时，优良的企业文化是企业增强执行力的内在驱动力，其可通过思想、意识形态层面的影响，间接体现在员工行为上，通过思想的统一达到行动的统一，从而达到汇聚合力、提高工作效率的目的。

（三）充分认识高度认同是保持文化建设生机活力的有效途径，深刻理解文化建设在以文化人促进观念转变方面的作用

对企业来讲，文化认同的核心是员工对企业基本价值观的认同，对于在企业内部树立共同理想信念提升企业凝聚力至关重要，决定着企业文化建设

是否充满生机活力。企业文化建设必须坚持以人为本的原则,将企业战略思路、发展理念与文化建设有机结合,消除部分员工的困惑,从而积极塑造和改变员工观念与行为,将多数员工的思想统一到推进企业高质量发展上来。

三、华北石化加强文化建设发挥文化引领作用的实践

华北石化公司党委牢记习近平总书记重要指示批示精神,大力弘扬以"苦干实干""三老四严"为核心的石油精神,持续加强新时代石油先进文化建设,把文化引领纳入企业发展战略体系,明确当前和今后一个时期文化引领的重点任务。

(一)与时俱进发展完善,以先进文化铸企业之魂

厚德载物,文化为魂。纵览三十余年发展历程,华北石化从无到有、从小到大、从弱到强,从一个加工规模仅有15万吨/年的小型炼厂一跃成为1000万吨/年的炼化企业,在不断的发展前行中,在充分汲取石油先进文化精髓的基础上,挖掘提炼出"艰苦奋斗的创业精神、攻坚克难的进取精神、笃定前行的斗争精神、立足本职的务实精神、顾全大局的奉献精神"五种华北石化特色企业精神;结合集团公司新版《企业文化手册》第一时间修订完善了华北石化《企业文化手册》,在以"一家人、一条心、一块干""严细实快新"等为代表的公司级文化理念基础上,持续增强员工对企业价值观的认同,凝聚发展共识,形成"廉洁文化""安全文化""合规文化"等一系列子文化,提炼出独具企业特色的"建设标杆炼厂所需的青年品格特质"——热爱、自信、担当、有为;打造出"一联合运行部钢铁团""运销运行部钢铁驼队"等个性化、多样性的运行部特色文化,强化员工心理和企业文化间的认知关联,初步形成"一主多元"的企业文化理念体系,切实将文化优势转化为管理优势、发展优势。

（二）开拓创新绿色转型，以先进文化谋企业之道

以"打造示范，建成标杆，走在前列"的企业愿景为遵循，华北石化完整准确全面贯彻新发展理念，主动融入新发展格局，践行习近平生态文明思想，建立党委生态环境保护议事规则，研究部署"双新""双碳"工作，制定碳达峰、碳中和实施路径，全面落实白洋淀生态环境治理和保护工作要求，为构筑起京津冀绿色生态屏障贡献"华北力量"；坚持转型发展方向，立足京津冀协同、雄安新区建设、冬奥会举办等独特区位优势，加快各种牌号沥青研发，在道路沥青、防水沥青等材料上保供雄安新区建设，着力打造氢能源示范基地，为冬奥会供应氢能，进一步突出企业特色优势；推进以催化裂化为核心的炼油升级转型工作、以 PC 和 PP 为主要目标的新产品开发和以 CCUS 为契机的双碳项目等各项工作，加快转型升级的步伐，进一步增强企业发展后劲。

（三）以人为本关心关爱，以先进文化育企业之本

以"一家人、一条心、一块干"的爱厂文化为中心，华北石化深入贯彻以人民为中心的发展思想，始终把员工群众放在心中最高位置，全心全意依靠员工办企业，畅通民主渠道，持续推进厂务公开、党务公开，积极回应员工关切和诉求，全力维护群众权益；始终坚持员工主体地位，尊重员工首创精神，大力开展"扭亏为盈，全员建功"主题劳动竞赛、"五新五小"群众性经济技术创新活动，持续激发各岗位各类别创新主体的活力，让蕴藏在员工中的巨大能量不断释放出来；坚持和发展新时代"枫桥经验"，积极探索新形势下专门工作与群众路线相结合的新思路，落实《学习新时代"枫桥经验"做好员工经常性思想政治工作细则（六十条）》，完善"扶贫、帮困、送温暖"机制，持续开展"生日节日送祝福，退休婚丧送温情，生病住院送关爱，工作间歇送健康"等"八送"活动，不断增强员工的获得感、幸福感、安全感；持续走好群众路线，创新联系群众的方式方法，组织开展领导干部联系服务进基层"五个一"活动，自觉和群众坐在一条板凳上，用一心为民的行动来回答好我是谁、为了谁、依靠谁；常态化开展"我为员工群众

办实事"实践活动,解决好员工群众急难愁盼问题,让员工群众更好共享企业高质量发展成果、过上高品质生活。

(四)真抓实干精益管理,以先进文化聚企业之力

华北石化遵循专业化发展、精益化管理、一体化统筹原则,制定推进公司治理体系和治理能力现代化实施方案,夯实发展基础。建立"讲清楚、讲问题、讲制度、回头看"闭环管理机制。基层运行出现问题,由专业部门和属地单位"讲清楚",问题出现在基层,其根源在机关,机关处室深刻剖析管理层面存在的短板开展"讲问题",以"讲清楚""讲问题"为切入点,由机关处室"讲制度",反思制度层面的不足,修订完善、规范长远,同时对"三讲"开展"回头看",形成"PDCA"循环,将问题导向、目标导向、结果导向融入企业治理的全过程。强化"业务外包""项目管理"短板治理,健全"六位一体"监管体系,完善规章制度、规范合同文本,"一合同一策"持续改进提升;加强立项、可研、设计的前期审查,保障140个项目扎实推进。持续强化依法合规,推进"合规管理强化年""严肃财经纪律、依法合规经营综合治理专项行动",搭建责任明确、层次清晰、上下联动的一体化合规管理组织架构,对市场竞争等8大业务领域开展重点排查,识别风险371条;建立"一清查、二评价、三规范、四动态、五宣贯"制度管理机制,强化"一周一法、一旬一案、一月一考、一季一授课"普法教育,营造依法合规、精益管理的文化氛围。

(五)循序渐进宣传引导,以先进文化塑企业之形

"新闻宣传也是生产力"一直是华北石化宣传工作的指导思想,将企业文化融入新闻宣传全过程,广泛开展文化宣传活动,就是从宣传到生产力转化的有效途径。在宣传工作总始终将"诠释华北石化文化,展示华北石化形象"作为衡量标准,在宣传报道过程中塑造华北石化好形象,近年来,在门户网站的基础上,陆续开辟了微博、微信公众号、抖音号等新媒体阵地,逐渐形成了以"两微一网两号"为主的宣传阵地,建立"中央厨房式"新闻采编发一体模式,新媒体每天不间断推送原创内容,年编发新闻稿件超1500

篇，省部级以上媒体外发过百篇，有关航煤保供北京大兴国际机场、氢能保供北京冬奥等报道形成现象级传播。编纂企业文化系列丛书、典型人物故事集、荣誉册、从新闻报道中看企业发展等文化书籍10余本，编纂过程全体员工100%参与其中。围绕企业文化理念传播，创作微电影、宣传片、短视频、漫画、动画等新媒体作品过百个，超过1200名员工参与作品创作过程，荣获国务院国资委、集团公司相关奖项30余项，相关作品播放量累计过10万次。

四、文化引领工程实施效果

（一）全员思想更有"默契"

"一家人、一条心、一块干"的理念越发深入人心，"为了企业更好发展"成为全体干部员工的思想共识。特别是2022年，面对新冠疫情多点暴发、氢能装置建设时间紧、首次千万吨级全厂大检修等难题，全体干部员工众志成城、迎难而上，面对困难主动请战，实现了疫情零感染、安全环保零事故，高纯氢能源助力北京冬奥，全厂大检修圆满成功等诸多胜利。

"一家人、一条心、一块干"

（二）企业发展更有"期待"

精心谋划发展蓝图，强力推进"三大工厂"建设，编制完成"十四五"发展规划、中长期炼化转型升级和新材料科技发展规划，实施"十四五"数字化转型规划研究，形成碳达峰、碳中和工作方案，制定推进公司治理体系和治理能力现代化实施方案，构建起了具有"四梁八柱"性质的顶层设计。建立主动适应市场竞争需要的经营机制，持续减油增化、减油增特，打造特色产品、形成规模优势，开发出防水和重交道路沥青、超低硫船燃、聚丙烯树脂、粒料硫黄等新产品，加快推进新能源新材料业务。积极打造中国石油氢能示范基地，成功产出聚碳酸酯新产品，填补集团公司产品空白。

（三）服务员工更有"爱心"

全心全意替员工着想，从对员工的生日祝福、自选体检套餐、节日慰问到住院探望，从青年婚恋交友、结婚祝贺、生育慰问到托幼补贴，华北石化力争做好每件"有温度的小事"，增强员工"家"的归属感。2022年以来，解决"急难愁盼"问题141项；开展健康企业创建，建立健全职业卫生管理等制度35项，推进健康小屋建设，开展全员健康风险评估，建立"一人一档"，开展健康干预，将承包商纳入健康管理体系；设立心理辅导室，聘请心理专家咨询问诊，开展心理健康讲座，配发心理健康书籍，针对有需求的员工，通过"一对一"心理辅导与治疗及时疏导压力，解决困惑，将华北石化公司党委的关怀关爱落实到员工生产生活的方方面面。

（四）生产经营更加"靠谱"

强化依法合规，健全体制机制，从严管理、严防死守，着力从根本上消除事故隐患，12个班组、13套装置、24家单位实现了"零违章、零泄漏、零伤害"。克服低负荷运行困难，全力打造提质增效"升级版"，不断提高经营质量，2022年以来强力推进实施"一规范、一平稳、三攻关、四优化、六压降"五个方面，210项提质增效措施，累计增效42449万元。

（五）企业形象更有"颜值"

强力推进企业品牌建设，围绕绿色低碳、大检修、氢能保供等重点工作讲好华北石化故事，生态美引白鹭来栖、员工救助珍惜动物等新闻报道发布超过 20 篇，被国内外媒体账号多次转发，绿色生态炼厂形象获网友点赞；大检修期间，大量参战将士冒酷暑保质量的一线报道、基层故事铺天盖地式发布，在鼓舞士气、提振干劲的同时树立了华北石化人能吃苦、能战斗，团结奋进、无私奉献的可爱形象；3 个月建成两套氢能装置、"氢"情助力北京冬奥等宣传报道通过短消息、人物故事、摄影作品、短视频等形式在数十家主流媒体进行传播，尽显华北石化担当尽责、低碳发展好形象。

文化建设是培根铸魂，凝神聚力的重要事业。党的二十大为做好新时代文化工作提供了根本遵循、指明了前进方向，华北石化公司上下正深入学习宣传贯彻落实党的二十大精神，以中国特色社会主义文化和新时代先进石油文化为指引，持续发展华北石化特色文化，不断激发企业文化建设的创新创造活力，为企业高质量发展注入源源不断的精神力量。

（主研人：汪　博　周　浩　宋晓丹　谢治军　何　葳　韩孟欣）

推动新发展理念在石油销售企业贯彻落实的实践路径研究

河北销售公司

党的十八大以来,党中央明确提出必须牢固树立并坚决贯彻落实五大发展理念,即创新发展理念、协调发展理念、绿色发展理念、开放发展理念、共享发展理念,充分体现了新时代中国共产党的新思路、新理念,对我国经济社会发展具有纲领性、指导性、引领性意义,引发了我国经济社会各个领域、各个环节的深刻变革。作为国有骨干企业,中国石油坚定推动新发展理念在经营管理各个链条落实落地,始终以新发展理念引领企业高质量发展。中国石油河北销售公司(以下简称"河北销售")作为中国石油在河北地区的全资省级销售企业,站在新的历史起点上,不折不扣落实党中央、中国石油天然气集团有限公司(以下简称"集团公司")党组部署,全面、准确理解新发展理念,积极探索实践,见到一定成效。

本课题以新发展理念在石油销售企业贯彻落实,用科学理论指导推动企业高质量发展为研究主题,坚持理论结合实践原则,以河北销售为研究对象,坚持个案分析法和实践研究法相结合,研究新发展理念在河北销售的实践应用,以期对推进新发展理念在石油销售企业更好地落实落地,提供方法路径和有效借鉴。

一、推动新发展理念在石油销售企业贯彻落实的背景和意义

（一）重要背景

坚持新发展理念是习近平新时代中国特色社会主义思想"十四个坚持"的重要内涵，是习近平新时代中国特色社会主义经济思想的主要内容，在党的理论创新和实践创新中占有重要地位，更为国有企业改革发展明确了方向目标。

1. 宏观政策导向推动能源领域呈现新气象

当前，国家持续深化绿色低碳可持续发展战略，明确碳中和、碳达峰时间表，积极推动"一带一路"能源开发，构建全面立体能源合作格局。以河北销售为例，河北省全面推广新能源应用，推动氢能产业基地建设，加快充换电产业升级，对传统能源替代效应不断加速。能源行业企业发展迫切需要"走出去"，与企业外部的合作联系更加紧密，才能走深走实、行稳致远。

2. 行业变革驱动能源消费发生新变化

近年来，随着风电、地热、光伏、太阳能、氢能等新能源的飞速发展，加氢站、充换电站、光伏发电站等如雨后春笋般层出不穷，传统石油能源布局由单一销售汽油、柴油向一体化、综合性、多能供给转变。市场需求端决定着供给端，需要传统石油销售企业打开经营边界，完善合作格局，持续转型升级，满足客户多元化需求。

3. 迭代升级赋予成品油销售企业发展新使命

行业的变革，推动企业的迭代升级。作为传统石油销售企业，传统的营销理念不再满足市场竞争的需要。"人·车·生活"生态圈的打造，"油卡非润气电氢"一体化的发展方向，数字化转型推动精准营销、精准触达，倒逼企业深化拓展多元开放合作。石油销售企业不能仅仅把自己作为销售石油产品的企业，必须要运用新发展理念思维，瞄准"油气氢电非"综合能源供应商的目标方向，为客户加好油，保生产后路畅通，做社会最信赖的综合服

务商，实现企业价值和员工个人价值的同步提升。

（二）重要意义

1. 落实新发展理念是深化国有企业改革的必由之路

改革开放40多年来，我国经济社会发展取得了举世瞩目的成就，综合国力不断增强，人民生活水平显著提升。在这一历史进程中，国有企业作为我国经济的重要支柱，也实现了长足发展、作出了重要贡献。当前，我国经济已由高速增长阶段转向高质量发展阶段，对国有企业改革发展提出了更高要求。这些都要求国有企业落实"创新、协调、绿色、开放、共享"理念，更好地推动国有企业深化改革创新，不断提高效率效益，履行好国有企业的职责使命。

2. 落实新发展理念是提升企业发展质量的必然选择

当前，世界正经历百年未有之大变局，企业发展面临着各种矛盾和问题。中国石油作为国有重要骨干企业，肩负着保障国家能源安全、促进经济社会发展的重大责任，必须坚定"将能源饭碗端在自己手上"；作为业务链条的重要一环，石油销售企业必须完整准确贯彻新发展理念，精准把握新发展阶段的新特征新要求，全力践行"绿色发展、奉献能源，为客户成长增动力，为人民幸福赋新能"的价值追求，才能更好地为保障国家能源安全、建设社会主义现代化国家贡献石油力量。

3. 落实新发展理念是销售企业破解难题的重要方法

面对新时代的挑战机遇，新发展理念的提出充分彰显了中国共产党立足我国经济社会实际，结合国际国内市场变化形势的认识深化。河北区域成品油市场走过了"资源主导市场"的黄金期，正处于油站最多、转型最快、环保最严、市场最乱的"升级转换期"，正经历着"脱胎换骨"的阵痛期；在这样的市场环境中，如何搏杀突围，更好地参与市场竞争，实现高质量发展是摆在企业面前的现实课题。深入贯彻落实新发展理念，是河北销售发展模式的深刻变革，是思维观念的一场革命，可以通过具体实践，找到可以破解难题、实现自身发展目标的有效途径。

二、推动新发展理念在石油销售企业贯彻落实的实践路径和具体成效

（一）以创新理念构建发展新模式

新发展理念中，其动力关键就是创新。坚持新发展理念，必须实施创新驱动战略，提升创新的水平、深度、广度，以创新引领，注入新动能。必须以创新体制机制为突破口，为创新发展提供重要平台，提升发展型经济的潜力。落地到成品油销售行业，必须紧密结合运营实际，借力互联网等信息科技手段，创新推进转型升级。

1. 数字化转型驱动精准营销

河北销售顺应时代发展浪潮，充分发挥数字化转型试点单位优势，将物联网、大数据、人工智能、云计算等数字技术与经营发展深度融合，通过创新构建全会员体系、搭建智能营销转型场景、建立异业合作联盟等方式，全面提升数字化精准营销能力，深入推动销售业务转型升级。乘着数字化转型的东风，河北销售积极构建全员、全域、全渠道的"油瓜子"会员服务体系，建立"私域"会员池，与微信、支付宝等第三方平台合作打通接口，实现跨业务、跨系统、跨平台的会员数据共享、数据整合和集成应用，突破了长期以来制约精准营销的瓶颈，实现了会员的统一化管理。通过会员等级、会员成长、会员权益增强会员互动、提升会员黏性，线上活跃会员规模达到600万人，会员消费占比达到68%，纯枪汽油销售抗风险能力大幅增强，电子卡推广持续攀升。

2. "新零售"创新拓客模式

河北销售深研区域市场变化规律，实时掌握主要竞争对手营销策略变化，提高市场反应灵敏度，通过形成"新零售"营销架构，保持策略领先，占领市场先机。与昆仑数智科技有限责任公司深化合作，依托其强大开发技

术能力，搭建大数据营销场景，建设起智能营销平台和客户服务管理平台，打造精准营销新利器。与电信企业有效合作，利用300余个智能营销和移动大数据1000余个客户属性标签，形成千余种精准营销套餐，月均开展各类精准营销活动60余项，实现精准触达消费3万人次。紧紧围绕顾客消费心理，精细营销策划组织，逐月制定营销方案，累计制定150余项营销活动，带动油非销售的提升。结合地域市场竞争现状，分区域科学制定营销策略，实施差异化精准营销，节约营销成本支出近千万元。

（二）以协调理念拓宽发展新路径

协调发展理念是健康可持续发展的关键，推动协调发展，有助于积极适应和引领经济新常态。作为省级油品销售企业，河北销售实现协调发展，就必须融入河北整体大局，融入地方经济社会，在推动河北区域经济的协调发展中，实现企业发展的新跨越。

1. 互利共赢，构建政企公益联盟

河北销售始终发挥中国石油骨干央企优势，加强与地方政府沟通联系，积极参与各级政府组织的惠民活动，履行央企责任，形成政企联盟合作的协调发展局面。与河北省交管局共同举办"零违法'油'奖励·文明驾驶人自律挑战赛"公益营销活动，已连续举办五届，参与人数超过500万人次，以公益活动助力地方精神文明建设，带动企业经营销售业务，促进实现纯枪汽油销售超过10万吨。通过活动打造了知名公益品牌，河北销售被公安部交管局授予全国"交通安全公益之星"荣誉称号，是全国唯一一家企业分支机构获此荣誉的单位。与河北省文旅厅合作，借助全省旅发大会和畅游京津冀旅游活动契机，梳理出41条旅游线路，精选90座加油站开展"油+游"系列活动，举办"您出游、我出油"联合营销活动，每年实现旅游客户引流50万人次。与省商务厅联合开展"复工复产"惠民营销活动，结合新冠疫情形势，积极协调政府商务部门，与政府联合发放惠民政府消费券，借助政府背书引流拓客，在实现销量效益提升的基础上，更刺激拉动当地消费超过5亿元。

2. 搭建平台，提供综合产品供给

河北销售持续优化能源网络布局，建设油气氢电多元化能源供给体系，累计供应油气超过 7000 万吨，纳税额超 50 亿元。坚持"市场化、专业化、平台化"发展模式，与各大商品供应商深入对接，制定餐饮业需求商品池，强化"加油吃鸡""加油茶饮"油餐互动模式，促销客户引流进站。精准摸排市场需求，与中粮集团等制定各类商品卡册 130 余种，满足客户节日走访、客户拜访需求，受到市场、客户的一致好评。有序拓展大客户省市机关站外店，将昆仑好客品牌、河北特色商品销售至学校、医院、社区、厂矿等场所，实现店销收入快速增长。与山东高速集团、各地区重点汽车保养维护企业合作，加强洗车网点建设运营，站内站外洗车布局达到 180 座，汽油重点站配套率达到 85%。积极适应常态化疫情形势，开展"百城万站·扶贫助农"直播竞赛，将河北的大枣、核桃、黑小麦等特产商品推向全国 30 余个省份，线上业务累计销售 2.3 亿元，单场销售额最高记录达到 1270 万元，惠及地方民众超过 30 万人次。

（三）以绿色理念创设发展新生态

贯彻新发展理念，必要条件是绿色；推动绿色发展就是促进经济社会发展全面绿色转型。河北销售落实绿色发展理念，顺应能源行业变革，拓展新业态，贡献新效能。

1. 谋大局，践行环保理念

河北省环绕京津，辖区内雄安新区建设世界瞩目，2022 年北京冬奥会部分项目在张家口崇礼区举办，是京津冀协同发展和大气污染治理的重点省份。河北销售所属近 1000 座加油站、油库分布于全省境内，与百姓生活紧密相连，与绿色环保息息相关。因此，河北销售全面践行绿色发展理念，主动融入地方经济绿色发展大局。在油品经营中处处注重环保，销售中全部提供高品质环保用油，实现了零事故、零污染、零伤害，经国家和集团公司多次质量抽检，油品合格率始终保持 100%。坚定安全保环资金投入，累计投资 2

亿多元，所有加油站、油库全部完成油气回收改造。河北销售原有 700 余座油库、加油站使用燃煤小锅炉采暖，为降低污染，近年来，共投入 2000 万元进行技术改造，提前完成全部油库、加油站的燃煤锅炉清零工作，使煤烟和煤灰堆从加油站销声匿迹，确保不让黑色烟尘飘向空中，最大限度降低了大气污染。按照国家《水污染防治行动计划》要求，推进加油站防渗改造，安装渗漏监测系统，累计投资 11 多亿元，把水污染防治落到实处。在所辖区域内高速公路、国道和省道沿线加油站做到 100% 销售车用尿素，在柴油销量 5000 吨以上加油站安装车用尿素加注机，大幅降低柴油车的尾气排放。切实以构建绿色企业助力地方绿色发展。

2. 接地气，拓展绿色新业态

河北销售着眼绿色环保能源供应，对加油站进行改造升级。紧抓服务 2022 年北京冬奥会契机，率先建成投运了中国石油首座加氢站、首座新标准综合能源站，并成功服务保障了 2022 年北京冬奥会和冬残奥会赛事的举办，得到奥组委的致信感谢。深入研究新能源发展政策，深入开展各地市、县区新能源市场规划研究，持续加大新能源业务开发力度，助力企业转型升级。加快充换电站建设，围绕商圈、钢厂等重点区域，深化与钢铁、电力等企业合作，利用加油站闲置场地，加快充换电站建设步伐。稳步开发加氢项目，围绕唐山、邯郸等钢厂尾气提纯制氢、物流消费场景以及依托公司现有网络站点增设加氢及换电装置，形成完整的产业链条，拓展新能源站点布局；依托保定材料路运输场景、张家口氢能公交应用场景及雄安合作建设加氢站有力契机，积极布局加氢站网点。分批自建光伏项目，重点选取用电量大、场地充足及有改扩建需求的库站，采用自发自用、余电上网和光储充一体化等方式，已自建光伏项目 35 座。通过落实绿色发展理念，河北销售已经在新能源领域逐步拓展了新市场，形成了新业态。

（四）以开放理念畅通发展新路径

新发展理念要求从战略高度谋篇布局，强调发展是协调开放的，必须着力加强结构性改革,提高供给侧质量和效率,培育持续发展增长动力。河北销售以开放理念打破固有思路,破除机制桎梏,加快优化和完善销售网络,全力向高质量发展迈进。

1. 解放思想,多方引入政府资源

河北销售靠资源优势起家,高峰时期坐拥加油站千余座,年销量超过 400 万吨。但随着市场竞争的日益白热化,资产质量差的短板"水落石出";运营的加油站中市区、高速及城郊站不足四分之一,双低站、亏损站占比较高,运行包袱非常沉重。尤其近年来,由于退租高速站 70 余座,影响年纯枪销量 40 多万吨。在以效益和人均纯枪量作为工资主要挂钩指标的导向下,劳效提升、减员和维稳压力巨大。企业发展面临困局,要实现凤凰涅槃、浴火重生,必须解放思想"走出去",开拓新世界、发展新领域。河北销售从社会站销量不能有效纳入社会零售品销售总额统计、政府税收流失等角度切入,积极协调省委省政府主要领导,主动拜访沟通各地市主要领导。通过不懈努力,省政府、商务厅、发改委等职能部门均对河北销售加油加气站点、新能源网点的建设给予大力支持;河北销售同 7 个地市政府签订战略合作协议,探索与政府成立合资公司,共同开发城区便民服务站、建设综合能源站。近年来,累计新建投运加油加气、综合能源站点 16 座,网络布局得到进一步完善,扎实推动了能源供给侧改革。

2. 打开边界,持续拓展全新领域

河北销售始终以开放思维,不囿于自身业务范畴限制,持续探索经营销售新领域。在传统油品的基础上,通过与知名企业河北钢铁集团开展合资合作,推动企业间新能源业务拓展开发,逐步推动建立"油品销售企业 + 钢铁制造企业"的转型升级新模式。积极转换思路,盘活清闲置资源,利用进入清算程序的股权企业资产与当地知名的润滑油企业合作,组建新能源合资公司,推动建立"油品销售企业 + 车辅产品企业"的合作新模式,实现了资产的保值增值,见到了明显实效。紧紧围绕提质增效打开经营边界,与国内知名的物联网科技公司 G7 开展合作,借助网络货运项目优势,探索合资项目运营，推动建立"石油销售企业+物联网"的良好运营模式。在雄安新区，借助新区建设发展的有利契机，利用专业基金项目，成立了股权企业，建设首座综合能源站，打造形成新区的综合能源供给特色品牌，为提升发展效益、提升企业品牌价值奠定了坚实基础。

（五）以共享理念建立共赢新格局

面对激烈的市场竞争，河北销售以共享发展理念为指引，打造共进共赢的利益共同体，在发展进程中与利益各方共享发展机遇、共同迎接挑战、共同创造繁荣。

1. 客户共享，构建"1+N"合作格局

河北销售将共享理念应用于经营管理各个环节，建立客户引流新模式，构建起异业合作联盟、央企战略联盟，共享客户数据，发挥各方优势，深挖市场价值，实现了从"1+1"单方合作向"1+N"多方合作的转变，并向服务平台引流、客户资源共享、数据价值挖掘等更深层次合作拓展。牵头搭建异业合作转型项目场景，与中国移动、中国银联、中国人保和浦发银行共同构筑"五方联盟"合作生态，初步实现了将移动套餐升档客户、银联注册客户、人保续保客户、浦发银行卡客户全部引流到公司加油消费场景中，将"石油油瓜子""移动荷包""浦发黑金会员"等权益进行互通整合，实现了不同行业中领军企业资源整合、客户共享、客户权益价值最大化，月均实现客户引流3万人次，带动纯枪汽油销售增量，实现互惠共赢。

2. 丰富权益，搭建会员共享平台

河北销售与中国邮政、工商银行、一汽解放、三一重工、中国平安等70余家央企、知名企业建立了战略合作。围绕客户"衣食住行"打造"人·车·生活"权益生态，搭建会员权益超市转型项目场景。通过API和SDK数据对接模式，打通与各合作方线上平台接口，将合作方会员权益、入驻商家等引入会员超市，为客户构建丰富的权益生态；在公司日常油卡充值、互动游戏等营销活动中，通过赠送第三方会员权益，同时将公司会员权

益植入合作方线上平台，通过合作方对外输出中国石油会员权益，引导客户进站消费，实现与合作单位的业态互融、携手共进、合作共赢。以与河北中国移动打造8折加油爆款产品联合营销合作为例，河北销售将汽油券、非油券纳入移动话费套餐，针对移动话费套餐升档客户，每月可获得等额8折加油优惠券和移动提供的价值千元会员权益套餐，通过合作牢牢锁定客户24个月消费，河北销售承担较少的营销成本，借助此类权益生态合作，引入第三方合作资源1亿元以上。

为客户构建丰富的权益生态

三、推动新发展理念在石油销售企业落贯彻落实的感悟启示

新发展理念是习近平新时代中国特色社会主义经济思想的主要内容，是中国特色社会主义政治经济学的最新成果，是党和国家宝贵的精神财富。河北销售履行央企责任担当，坚定不移贯彻创新、协调、绿色、开放、共享的新发展理念，结合实际，率先垂范，做出了样子，见到了成效，也有了一些感悟和启示。

（一）始终将贯彻落实新发展理念作为企业职责使命是核心

高质量发展是通向社会主义现代化强国的必由之路，国有企业是建设社会主义现代化国家的重要力量。河北销售公司在贯彻落实新发展理念的具体实践探索中，始终将其作为履行央企职责使命的重要内容，深刻理解，融会贯通，始终以科学理论指导具体实践，助力区域经济发展，从而更好地为中国特色社会主义现代化建设贡献了石油智慧、石油能量。

（二）始终将新发展理念作为转型升级的方向指南是重点

新发展理念是一个系统的理论体系，回答了关于发展的目的、动力、方式、路径等一系列理论和实践问题。河北销售作为中国石油直接面对社会公众的终端窗口之一，直观体现了中国石油准确全面贯彻落实新发展理念的具体成效。因此，河北销售坚定以新发展理念为标尺和航向，充分认识"创新、协调、绿色、开放、共享"的关系，全面完整地推动新发展理念落实落地，并将其具体应用到经营运行的各个环节，确保企业发展不偏航、不走弯路，有效推动全面转型升级，较好地实现了企业规划目标。

（三）始终将新发展理念与企业实际紧密结合是关键

新发展理念阐明了我们党关于发展的政治立场、价值导向、发展模式、发展道路等重大政治问题，河北销售坚持贯彻落实新发展理念与自身实际紧密结合，落细落小、落实落效；同时，坚持问题导向，将落实新发展理念作为破解企业改革难题，解决实际困难的方法钥匙，以具体实效，更好地巩固落实成果，进一步彰显新发展理念的科学性和实践性，凝练形成有效的方法路径，更好地推动企业高质量发展。

（主研人：周德军　惠水龙　李守柱　刘嘉诚）

弘扬伟大延安精神实践研究

陕西销售公司

党的二十大闭幕不到一周，习近平总书记就带领新当选的第十二届中央政治局常委专程前往革命圣地延安，瞻仰革命纪念地，重温革命战争时期的峥嵘岁月，缅怀老一辈革命家的丰功伟绩，宣示新一届中央领导集体赓续红色血脉、传承奋斗精神，在新的赶考之路上向历史和人民交出新的优异答卷的坚定信念。以"坚定正确的政治方向、解放思想实事求是的思想路线、全心全意为人民服务的根本宗旨、自力更生艰苦奋斗的创业精神"为核心内容的延安精神，是我们党的宝贵精神财富，是中国革命和建设伟大的精神动力要代代传承下去。中国石油陕西销售公司（以下简称"陕西销售公司"）地处革命圣地，拥有得天独厚的红色历史优势和革命资源优势，因地制宜、因业制宜、因时制宜、因势制宜践行延安精神，对推动企业高质量发展具有重要的现实意义。

一、新时代弘扬延安精神的重要意义

新时代弘扬延安精神是学习贯彻习近平新时代中国特色社会主义思想的具体实践。思想就是力量，旗帜就是方向。2022年10月27日，习近平总书记在延安强调："要弘扬伟大建党精神，弘扬延安精神，坚定历史自信，增强历史主动，发扬斗争精神，为实现党的二十大提出的目标任务而团结奋斗。"弘扬延安精神是学习贯彻习近平新时代中国特色社会主义思想的政治责任，是为企业发展充实正能量、凝聚精气神，增强政治自觉、使命自觉和行动自觉的重要任务，是深刻领悟"两个确立"的决定性意义，增强"四个意识"、坚定"四个自信"、做到"两个维护"，坚定不移做大做优做强国有企业的有效途径，是激励全体员工不畏艰难、勇往直前的不竭动力，是谱写新时代高质量发展新篇章的实践需要。

新时代弘扬延安精神是坚持党的领导、加强党的建设、筑牢国有企业"根"和"魂"的必然要求。习近平总书记强调，"坚持党的领导、加强党的建设，是我国国有企业的光荣传统，是国有企业的'根'和'魂'，是我国国有企业的独特优势。"中国石油工业的发展史，就是一部用延安精神和党的优良传统铸就的奋斗史。之所以能够蓬勃发展，最根本的就是依靠党的领导、党的建设。大庆石油会战之初就把坚持党的领导和加强党的建设作为石油事业发展的"根"和"魂"，进入新时代，弘扬延安精神是坚持党的领导、牢记使命责任的政治需要，是锻造"越是艰险越向前"的坚定意志、破解当前各种风险挑战的精神需要，是深刻领悟"两个确立"的决定性意义，增强"四个意识"、坚定"四个自信"、做到"两个维护"，走稳走实新时代国企第一方阵的行动需要。

新时代弘扬延安精神是提升企业红色文化内涵、推动高质量发展的重要路径。红色文化传承发展与中国革命、建设、改革的实践同频共振。习近平总书记强调："红色资源是我们党艰辛而辉煌奋斗历程的见证，是最宝贵的精神财富。要用心用情用力保护好、管理好、运用好红色资源。"当今世界正在经历百年未有之大变局，形势越是困难、任务越是艰巨，越需要传承好红色文化从容应对当前的压力和挑战。以延安为代表的红色文化资源富足、特色突出、优势明显，是陕西销售公司推进文化强企建设的宝贵财富。弘扬延安精神，是弘扬光荣革命传统的历史需要，是推动红色文化进油站、克服一切困难夺取胜利、实现"红色基因代代相传、站站相传"的客观需要。

二、延安精神是中国共产党人精神谱系的重要组成部分

2021年在中国共产党成立100周年庆祝大会上，习近平总书记强调："一百年来，中国共产党弘扬伟大建党精神，在长期奋斗中构建起中国共产党人的精神谱系，锤炼出鲜明的政治品格。"延安精神就是以伟大建党精神为源头的、以毛泽东同志为杰出代表的中国共产党人在延安时期伟大实践中精心培育和全面形成的，是中国共产党人精神谱系中极为宝贵的精神财富。

（一）延安精神的基本内涵

延安精神是指以毛泽东同志为代表的中国共产党人在延安时期的特殊历史阶段，在争取民族独立和人民解放事业的伟大斗争实践中，培养、形成和发展起来的崇高革命精神和优良革命传统，是马克思主义中国化的重要成果，是革命精神的传承，是民族精神的升华，是时代精神的体现。延安精神最本质、最主要的内容是"坚定正确的政治方向，解放思想、实事求是的思想路线，全心全意为人民服务的根本宗旨，自力更生、艰苦奋斗的创业精神"，是我们党极其宝贵的精神财富。

（二）延安精神的发展历程

1935年10月到1938年9月，是延安精神的孕育期。以中国共产党倡导的抗大精神和白求恩精神以及"马克思主义中国化"重大任务为主要标志，第一次明确提出"把马克思主义中国化"这一命题，对推进党的理论创新和延安精神的形成具有决定性意义。1938年9月到1945年6月，是延安精神的形成期。以大生产运动和延安整风运动为主要标志，形成了"实事求是、理论联系实际"的延安整风精神。1945年6月到1948年3月，是延安精神的成熟期。以党的七大确立毛泽东思想在全党指导地位为主要标志，总结了党的

优良作风，即理论联系实际的作风、密切联系群众的作风、批评与自我批评的作风。

（三）延安精神的时代价值

延安精神随着时代和实践的发展不断得到丰富和完善，是新时代实现中华民族伟大复兴的力量所在，是永葆共产党人实事求是、立党为公、执政为民的生命所系，是共产党人始终坚守崇高理想和坚定信念的精神家园，是始终保持艰苦奋斗、勤俭节约优良传统的宝贵财富。党的历史实践反复证明，延安精神是中华民族优良传统的继承和发展，是我们党的性质和宗旨的集中体现。坚持不懈传承延安精神，永葆初心，接续奋斗，就能抵御各种风险挑战，在新时代浪潮中行稳致远。

三、延安精神在石油工业的传承与发展

（一）延安精神与大庆精神铁人精神具有传承性和统一性

延安是中国石油工业的发祥地，中国陆上第一口油井就诞生在延长县。1935年4月，"延长石油官厂"更名"延长石油厂"，归属陕甘宁边区政府，成为中国共产党领导下的第一个石油企业。1944年5月，毛泽东为当时的厂长陈振夏亲笔题词"埋头苦干"，成为石油人的宝贵精神财富。新中国石油工业发展史，是一部用延安精神和党的优良传统塑形、铸魂、育人的奋斗史。党领导下的石油大军会战大庆时形成的大庆精神铁人精神，与延安精神具有高度的传承性和统一性，共同承载了促进国家进步的历史使命，在新中国的发展史上发挥了举足轻重的作用。

（二）延安精神与大庆精神铁人精神同根同源一脉相承

延安精神在"纺线线和红米饭、南瓜汤"中凸显本色，用实事求是、艰苦奋斗的精神改变发新中国的物质基础，是中华民族的精神接力。新中国

成立以后，延安精神在克拉玛依、大庆、四川、胜利、长庆等各大油田落地开花，在"干打垒"和"有条件要上、没有条件创造条件也要上"的苦干实干中凸显本色，用艰苦创业、为国分忧的精神将中国贫油的帽子甩到了太平洋，结出了以"爱国、创业、求实、奉献"为核心的大庆精神这一精神硕果。

大庆精神铁人精神与延安精神同根同源、一脉相承。二者都产生在极其艰苦的物质环境中，鲜明地体现了艰苦奋斗、艰难创业的民族时代特征。大庆精神铁人精神饱含着石油人忠诚于党、产业报国的赤子情怀，传承着石油人不畏艰险、战天斗地的红色基因，体现着石油人实事求是、求真务实的思想作风，代表着石油人爱岗敬业、甘于奉献的崇高品格，为我国后续石油工业的发展和建设提供了强大的精神支撑。

四、延安精神在陕西销售公司的实践与探索

延安精神与大庆精神铁人精神所呈现出的共同特质，就是"诚、干、实、严"，即对党忠诚、苦干实干、实事求是、"三老四严"。陕西销售公司始终以延安精神为砥砺奋进的灯塔，坚持"诚"字为先、"干"字当头、"实"字托底、"严"字为要，让延安精神与大庆精神铁人精神有机统一、星火相传。

（一）坚持"诚"字为先，以"红油故事"激发内生动力

从 2018 年开始，陕西销售公司组织延安分公司依托红色资源，开设"每周 YOU 故事"红色讲堂，党委委员、党支部书记、党员骨干轮流讲述延安红色故事和石油故事，先后在杨家岭和南泥湾等多处革命旧址现场宣讲，通过开展"五讲"凝聚党员干部精气神。

1. 革命旧址讲

以"1+1+X"的方式定期组织开展"传承红色基因、弘扬延安精神"活

动,即:走访一个革命旧址+讲述一个红色故事或者唱一首红歌+组织一次党建经营融合活动。从中共中央长征到达陕北落脚点吴起出发,选取党中央在延安时期的历史事件、重要旧址周边的8座加油站,组织加油站党员重温延安时期重大党史事件,将红色教育触及最基层单元。组织党支部书记、副书记参观杨家岭革命旧址、南泥湾大生产纪念馆、宝塔山、梁家河等地,组织青年员工瞻仰"四八"烈士陵园,参观"学习书院"。邀请专家讲述党史,优秀讲解员讲述红色革命故事,老党员讲述入党初心故事、优秀青年代表分享岗位实践故事,从革命旧址这本永远读不完的书中汲取精神力量。

2. 红色油站讲

打造延安"学习书院"特色加油站。将延安王家坪加油站打造为延安红色旅游线上的旅游精品站、红色文化传承示范站。该站距离全国爱国主义教育示范基地、著名红色旅游景点王家坪革命纪念馆、王家坪革命旧址仅百米之遥。在加油站内设置延安精神解读区、党中央在延安十三年历史文化墙、延安助农特色产品专区等。加油站员工人人兼职"油导游",为过往游客提供游览、住宿、交通指引和咨询服务。"油导游"佩戴"延安精神、油我传承"徽章,向客户讲述《杨家岭的菜地》《一切反动派都是纸老虎》《半截铅笔头》等延安时期的红色故事,成为延安精神和党史的义务宣讲员,让红色故事传颂久远。

3. 主题竞赛讲

2019年、2021年先后组织两届"YOU故事"演讲比赛,党团青年纷纷讲述自己学习到的《一把炒米》《永不凋谢的兰花》等红色故事、发生在身边的《三份入党申请书》《油站"老黄牛"》等石油故事,表达爱国、爱党、爱企情怀。开展红色经典诵读、红色歌曲传唱的线上线下活动,组织党员干部在宝塔山下齐唱《我和我的祖国》《没有共产党就没有新中国》《唱支山歌给党听》等红色歌曲,排演《诗咏黄河》《红歌串烧》等节目为新中国成立70周年、建党百年献礼。出版《为爱加油》故事集册,采用音频、视频、文字同步展现形式,编发《讲好"两个故事"传承延安精神》《学史力行YOU故事》等系列报道，重温红色经典，焕发初心使命。

4. 帮扶助农讲

从2018年开始，投入人力物力实施产业帮扶，向延安眼头塬村民免费发放新品谷种，签订保底收购协议，此后每年，组织党员突击队到眼头塬村春送良种、秋收助农，捐赠微耕机、覆膜机、拖拉机等大型农机，带领村民实现农业机械化。5年来，向眼头塬村免费发放优良农作物种子4000多公斤，种植面积从500亩扩大到2200亩，收购后经过加工包装进入加油站便利店专柜销售，销售额已突破500万元，带动眼头塬村90户贫困户整体脱贫。电视纪录片《小米粥香飘小康路》及专题报道在新华网、人民网等十多家重点媒体报道，唱响了扶贫助农、助力乡村振兴的石油故事。

陕西销售助农秋收

5. 创新实践讲

成立延安"宝石花"文创工作室，积极推进延安精神进企业。从延安精神研究、新媒体创作、文化创意研究三方面助力打造强大文化软实力。积极探索在延安大学高校内建立石油党员红色教育培训基地，在红色加油站挂牌

"中国石油陕西销售延安红色教育培训基地",通过"走出去、请进来"挂牌合作的方式育人铸魂,通过"红故事""油故事"两个故事将企业文化优势转化为公司竞争优势、发展优势,集中优势资源实现红色教育与油品和非油业务创收双赢,为实现经营目标贡献力量。

坚持讲述红色故事和石油故事,坚定了公司正确的政治方向,激发了广大干部员工克难前行、扭亏脱困、实干苦干,争创一流业绩的奋斗力量。2021年,延安分公司逆势突围,实现扭亏为盈。《讲好"两个故事"激发内生动力》案例荣获第一届石油石化企业基层党建创新案例一等奖。

(二)坚持"干"字当头,以"百日会战"培育精神谱系

2019年,以信息化为主题的集团公司销售业务第十次精细化管理会议在陕西销售公司召开,作为东道主,必须把信息化工作在短时间内得到有效的提升,在加油站推广大应用20个信息化项目,打造3座加油站3.0示范加油站。时间之紧、任务之重、标准之高前所未有,在当时被很多人认为是不可能完成的任务。陕西销售公司发扬延安精神,团结带领广大干部员工创新求实、苦干实干,短短一百天,圆满完成信息化建设推广和3座加油站提升任务,铸就"百日会战"精神。

1. 形成面对全新挑战敢为人先、抓改革促转型的创新精神

表现为与时俱进、破旧立新,勇于突破传统,敢于大胆尝试,用改革劈山,靠创新铺路。会议定位"信息唱戏、改革搭台",陕西销售公司以自我革命的勇气和智慧加快推进组织机构分级分类管理、大部制改革、一体化运营,事务管理委员会、片区经理、大班组运行、店小二管理等改革举措快速落地。瞄准管理痛点,敢闯敢试、敢为人先,加油站现场智能监管系统、无人值守仓库等国内首创技术成功应用,各项工作短时间内实现大跨越,在3个多月时间里,通过采取超常规、革命性举措弥补了短板、实现了弯道超车。

2. 形成面对艰巨任务攻坚啃硬、变不能为可能的进取精神

表现为不甘落后,自我加压,拉高标杆,敢于碰硬,精益求精,不仅

要推广信息化项目，打造3座智慧加油站，而且要办出新高度。陕西销售公司信息化基础较为薄弱，能否完成信息化示范站任务，也曾犹豫过。但当任务确定后，所有参战人员全力以赴朝着目标奋进。凝聚说了就算定了就干、敢于挑战不可能、敢于向困难说"不"的奋进精神，迸发出无穷力量，把不可能变成了现实，生动诠释了"伟大梦想不是等得来、喊得来的，而是拼出来、干出来的"的真理。

3. 形成面对万千困难不讲条件、扛责任履使命的担当精神

表现为对党忠诚、为企分忧，面对任务不摇头、遇到困难不低头、不达目标不罢休，大事难事面前挺身而出、冲锋在前。面对基础工作薄弱、时间紧任务重等异常艰巨的挑战，陕西销售公司上下一心，讲政治、顾大局、敢担当，越是困难越向前，全力以赴加快工程建设，精细推进信息化项目研发，一丝不苟强化服务保障，开创了销售先河、改写了办会历史，首次让销售系统目光聚焦到了陕西销售公司的3座智慧加油站，集中彰显了"犟犟老秦人"的担当精神和实干情怀。

4. 形成面对急难险重以站为家、舍小家顾大家的奉献精神

表现为全体参战员工不讲条件、不辞辛劳，恪尽职守、忘我工作，始终以饱满的热情、昂扬的斗志、坚韧的毅力，坚守岗位、埋头苦干。参战员工只争朝夕、连续奋战，许多员工以站为家、忘我工作，涌现出很多可歌可泣的感人事迹。朱宏路加油站党员站经理董甜甜产假未休完就回到岗位，凤城十路加油站经理张文魁母亲住院仅陪护一天就又回到站上忙碌，草滩路加油站经理刘朋旧疾复发带病坚守一线，加油站管理处乌文科同志突发肾结石，连续进行4次体外碎石后仍坚持每天到站开会，西安分公司经理刘伟强忍受无眠的坐骨神经剧痛坚持一线指挥等，他们用无言的奉献和使命的坚守诠释了以"苦干实干、三老四严"为核心的石油精神。

5. 形成面对共同目标互助互帮、力相聚情相融的协作精神

表现为举全公司之力，各方配合、协同作战，不推诿、不扯皮、不旁观，积极主动、相互支持，心往一处想、劲往一处使。信息化项目和加油站

改造提升，坚持分工不分家，工作组之间、上下之间、员工之间团结一致，相互拾遗补缺，做到了处处有人抓、事事有人管，彰显了"人心齐，泰山移"的团队凝聚力、战斗力、创造力。

陕西销售公司传承延安精神，铸就了公司"百日会战"团队精神，团结带领广大干部员工，2021年一举扭转了连续4年亏损的局面，兑现了扭亏为盈的目标承诺。

（三）坚持"实"字托底，以"信实文化"擦亮企业品牌

2018年，陕西销售公司结合延安精神和石油精神、大庆精神铁人精神，建设公司企业文化体系，将"立诚守信、言真行实"定位为公司的文化特质，将特色文化命名为"信实文化"。"信实文化"系统总结了公司在各个历史时期的文化结晶，既凸显了地域特点又彰显了鲜明的企业性格，是公司在新的历史背景下的立企之本、发展之道。通过整合优化属地文化资源和载体，针对不同对象，设立不同类型活动，培育打造科学规范的管理品牌、精通技能的人才品牌、优质高效的服务品牌、温馨和谐的文化品牌，提升品牌影响力和辐射力，让干部员工队伍找到信念坚守，不断传播石油销售好声音。

1. 建立"开放日"传播石油好声音

坚持以客户为中心，每年3月以"你是我的眼"为主题敞开大门，邀请地方政府权威机构、当地主流媒体、客户代表走进库站，面向社会公众普及油品基础知识、进销存管理等，直观了解加油站的基本情况及数据质量管控流程，现场"零距离"授课，解答客户心中"疑问"。"中国石油开放日"活动深化了企业和媒体的沟通交流，构建了企业、媒体、公众之间的良好关系，陕西销售公司连续10年蝉联全省顾客满意度测评同行业第一。

2. 创设"文化艺术月"激发员工新活力

统筹兼顾经营销售和基层实际，每年5月组织员工参加喜闻乐见的文体活动和岗位实践活动。成立篮球、羽毛球、乒乓球协会，举办全系统体育比赛并参加驻陕单位的赛事。创作了有筋骨、有道德、有温度、有油味的《加

油站那些事》，挖掘一线先进性、群众性故事。集结出版了《基层建设和企业文化案例》，挖掘了一批反映员工职业风范和文化实践活动的成果。成立了秦油文艺小分队，开展送文化下基层、进课堂、到岗位等实践活动，展现各层面深化"信实"文化激发新活力。

3. 打造"爱心驿站"公益品牌赢得好口碑

陕西销售公司在 10 个地市打造 79 座"爱心驿站"，为环卫工人、快递小哥等户外劳动者提供温暖服务，开通临时救助、爱心应急专用通道和助力乡村振兴等特殊服务。每年 6 月组织开展公益项目推进活动，与地方政府、企业联手搭建社会公众交流平台，常态化推进公益品牌提升和形象建设。2017 年以来，开展温暖服务活动百余次，服务环卫工人 7900 人次，救助走失儿童 53 人，服务应急车辆 495 台次，组织文化扶助活动 63 次，对延安等 7 个红色老区贫困县开展对口帮扶，延长服务半径，履行好社会责任。

4. 营造"亲情文化交流日"构建和谐家园

把"为员工服务、为企业加油"作为思想文化工作的出发点和落脚点，每年 8 月举办"亲情文化交流日"。通过召开座谈会、联欢会、趣味游戏等形式，增进与家属的沟通，并邀请员工家属走进库站，近距离了解库站经营管理、改革发展成果，感受库站工作环境和工作流程，让家属能够体会到员工工作的艰辛，架起了企业与员工及家属的沟通桥梁，为企业发展营造和谐稳定的氛围。

"信实文化"落地后，形成了陕西销售公司精神文化成果《企业文化建设纲要》《企业文化手册》《员工手册》，提炼出既体现陕西地域特色、成品油终端销售业务特色，又反映加油站基层组织不同个性的十个专项文化，即党建文化、廉洁文化、营销文化、服务文化、质量文化、安全文化、环保文化、合规文化、执行文化、创新文化。

（四）坚持"严"字为要，以"自我革命"加强作风建设

2017 年，陕西销售公司出现了 15 年来首次亏损，效益呈现断崖式下跌。

陕西销售公司党委深刻认识到，要扭亏首要的是转变观念、强化作风。两级机关是企业管理的中枢，必须走在前、作表率。重点解决推动执行落实力度不够、深入基层调研深度不够、解决基层"急难愁盼"强度不够等工作中呈现的作风问题。自2017年起，坚持"一年一主题"，连续5年开展作风建设年活动，推动机关作风持续向好，为公司实现扭亏提供坚强作风保证。

1. 抓整改转作风促提升

2017年，聚焦治庸治懒、提升服务意识、强化执行力、提高管理效能、转变作风形象五项工作，查摆并整改作风问题279项。推行机关管理人员到站蹲点，908名机关管理人员到一线开展加油服务。加强改进文风会风，会议和文件同比下降6.2%、10.8%。加强调查研究，班子成员调研78次，形成报告16份。对领导干部30条履职行为重新"划线"，在全公司实行"三禁"，招待费等四项费用节约1000余万元。

2. 三查三看三比一走访

2018年，聚焦机关存在形式主义、官僚主义方面的突出问题，开展"三查三看三比一走访"查摆晾晒和"九个专项整治"活动，比干事激情，比执行效率，比工作实绩。按照"领导带头抓、突出问题抓、持之以恒抓、紧扣目标抓"要求，查摆机关形式主义、官僚主义突出问题187项，完成整改156项，整改率83.4%。

3. 三查两比一减

2019年，聚焦为基层减负开展"三查两比一减"和"六个治理"活动，查执行落实、查问题解决、查工作效率，比主动担当负责、比主动服务基层。从精简业务流程、下放审批事项、取消统计报表资料、取消记录台账和基层认为可有可无、没必要做的事项，制订减负计划245项，完成213项，完成率87%。

4. 两亮三比一看

2020年，聚焦提质增效、深化改革等重点工作，以"亮身份、亮承诺、比服务、比业绩、比作风、看实效"为主题，建立突出问题、减负计划、急难愁盼、减审批短流程优化管理等"四张清单"。查摆问题845项,整改741项,完成率87.7%。建立两级中层管理人员党建责任区、联系点103个。两级机关630名党员干部利用节假日深入561座加油站开展服务调研,现场解决问题517项。

5. 三查三改三考

2021年,聚焦扭亏脱困、提质增效等重点任务,查督办、查整改、查成效,改观念、改方式、改习惯,考责任、考落实、考效果,从"素质、能力、作风、管理"四个方面抓好八个问题整治。通过"三查"查摆问题282项,制定"三改"措施307项,已整改535项,整改率90.8%。下发形式主义、官僚主义问题通报3期,对7名二级正副职领导人员公开曝光、点名通报。

2022年,陕西销售公司充分总结近5年深化总结提炼机关作风建设的经验,出台了公司《加强机关作风建设的实施意见》,推动了加强作风建设的制度化常态化进程,诚、干、实、严精神在陕西销售公司扎根落地、开花结果。

五、弘扬延安精神的基本经验

实践延安精神的过程,是由此及彼、由表及里、去粗取精、去伪存真的过程。将这个过程中相互依存、相互印证的由感性认识上升到理性认识的东西,反复提炼、认真总结之后,就是我们应该倍加珍视的宝贵经验。

一是弘扬延安精神,必须始终坚持正确的政治方向,深入学习领会延安精神的内涵,准确把握其科学理论精髓。1938年,毛泽东同志在延安抗日军政大学回答"在抗大应当学习什么"时指出,"首先是学一个政治方向"。思想政治工作始终是我们党校准前进方向、走在时代前列的"传家宝"。对国有企业来讲,必须握好"方向盘",旗帜鲜明讲政治,认准"主心骨",常态化开展红色教育,夯实"压舱石",坚定推动基层党建"三基本"建设与"三基"工作有机融合,让党旗在一线高高飘扬,让党建思想政治工作的

"传家宝"在加油一线发挥关键作用。

二是弘扬延安精神，必须始终坚持解放思想、实事求是的思想路线，时刻保持践行延安精神、激发守正创新的旺盛活力。创新是一个民族进步的灵魂，是一个国家兴旺发达的不竭动力。延安时期，中国共产党在异常恶劣的革命环境下，实事求是提出了农村包围城市、工农武装割据、新民主主义理论等创新性思想，成为中国革命取得胜利的重必须法宝。对国有企业来讲，创新是第一发展战略。我们必须抓牢"高质量"，推进企业深化改革，创造"新引擎"，打破"历来如此"思维，推动基层创新创效。

三是弘扬延安精神，必须始终坚持全心全意为人民服务的根本宗旨，全方位提升服务客户关爱员工的质量，充盈践行延安精神的内核动力。延安时期毛泽东同志发表的《为人民服务》的演讲，追思张思德短暂而光荣的一生，生动诠释了全心全意为人民服务的根本宗旨，成为共产党人和革命战士的行动指南。必须深刻理解服务既是"源动力"，也是生产力。必须建设"主阵地"，坚持以客户为中心，打造"生态圈"，精益求精服务细节，依靠"生力军"，扎根加油站激发潜能。

四是弘扬延安精神，必须始终坚持自力更生、艰苦奋斗的创业精神，推动自我革命，将作风建设贯穿企业改革发展的全过程。习近平强调，当年毛泽东同志等老一辈革命家在延安，住窑洞、吃粗粮、穿布衣，用"延安作风"打败了"西安作风"。这种作风是激励中国共产党人前赴后继、英勇奋斗的根本动力。必须守好底线持之以恒抓作风，明晰标准严格落实两个责任，看牢红线严肃监督执纪问责，不忘初心主动承担社会责任。

五是弘扬延安精神，必须始终坚持以"苦干实干、三老四严"为核心的石油精神，将延安精神进一步内化到石油精神血脉，赓续好传承好发扬好。大庆精神铁人精神与延安精神血脉相连，最核心的共同特质就是"困难面前有我们，我们面前无困难"。党的十八大以来，习近平总书记先后多次对中国石油及中国石油相关工作作出重要指示批示，是国有重要骨干企业弘扬伟大精神的神圣使命和无限责任，要大力提倡以"苦干实干""三老四严"为核心的石油精神,唱响"我为祖国献石油"的主旋律。

延安精神是一本永远读不完的书,艰苦奋斗任何时候也不会过时。只要我们把延安精神、大庆精神铁人精神存之于心、见之于行,同心同德、苦干实干、奋勇向前,就一定能够打赢陕西销售公司提质增效扭亏脱困攻坚战,迎来高质量发展的突破,为集团公司建设世界一流企业、为实现中国式现代化贡献石油力量。

(主研人:张鹏飞 王 海 刘 燕 侯云利 王三勇 张亚斌)

新时代国有企业
新闻媒体深度融合的实践与思考

管道局工程公司

如今,我国媒体行业正处于一个高速发展的战略期。习近平总书记多次发表关于推动媒体融合发展的重要论述,对媒体行业提出新的要求。2020年9月,中共中央办公厅、国务院办公厅《关于加快推进媒体深度融合发展的意见》提出,建立"以内容建设为根本、先进技术为支撑、创新管理为保障的全媒体传播体系",这为媒体融合的纵深发展指明方向。随着5G、大数据、人工智能等技术不断发展,舆论生态、媒体格局、传播方式发生深刻变化,新闻舆论工作面临新的挑战。利用新媒体做好新时期宣传思想工作,多渠道传递企业主流声音,多角度反映员工精神风貌,全方位讲好企业故事,凝聚员工共识,树立良好形象,已经成为大势所趋。

中国石油天然气集团有限公司(以下简称"集团公司")党组明确提出,要加快推进媒体深度融合。中国石油管道局工程有限公司(以下简称"管道局")党委准确把握新时代宣传思想工作新要求,要求管道局新闻中心充分发挥"喉舌、阵地、窗口、平台"的积极作用,将宣传思想工作与企业生产经营深度融合。管道局新闻中心(以下简称"新闻中心")全面贯彻上级要求,进一步提出"持续推进融媒体建设,加快资源整合,打造'一报一视一网三微'管道媒体传播体系"媒体融合目标。如何将中央精神、战略方向、思路目标转换为实操方法,如何将企业思想宣传工作与生产经营深度融合，如何更好地为企业和员工服务，如何走出一条具有企业特色的媒体深度融合之路，新闻中心在总结成功经验的基础上，进行了积极的探索。

一、媒体融合做法

一直以来，新闻中心高度重视媒体融合发展，目前已经形成"一报一视一网三微"媒体矩阵，传统媒体报纸、电视、网站传播阵地不断拓展，微信、微博、微视频业务不断发展，实现了"一次采集、多次编辑、全方位传播"，打造全面覆盖、功能互补、立体联动、相互促进，具有管道特色的矩阵式全媒体宣传思想平台，融传播、互动、服务于一体，更好地担负起企业传播信息、引导舆论、服务员工、凝聚共识的职能。

（一）上下联动，一体化推进资源融合

1. 突出顶层设计

新闻中心在遵循新闻传播规律和新兴媒体发展规律的基础上，树立传统媒体和新媒体一体化发展的理念，打破媒体界限，按照工作流程设置总编室、采访部、编辑部、视频部、新媒体部、技术部，构建适应融媒体的"1+N"编采流程；建立总编室协调制度、部门沟通制度、岗位值班制度，充分发挥总编室"中央厨房"和指挥协调中枢的作用，强化重点选题的策划和对各媒体的统筹协调，打造了一个上下通达、灵活融汇的现代传播体系。

2. 突出制度保障

2021年，新闻中心通过实践，结合实际，出台了《新闻中心融媒体项目实施管理办法》，建立适应融合发展的传播体系和管理体制，为媒体融合发展提供坚实保障。

3. 突出平台服务

2020年，新闻中心上线全媒体采编平台，充分发挥全媒体采编平台作用，打破部门之间以及信息传播固有界限，共享图文声画等新闻素材，各媒

体各取所需、分类加工，生产出不同形态的新闻产品，在报纸、网站、微信、微博、抖音多端刊播发，实现"一次采集、多次编辑、全方位传播"。

（二）统分互补，一条链抓好选题策划

1. 统一策划，打好重大新闻的宣传战

优质的内容是媒体立身之本。新闻中心突出精准策划，在重大宣传、重要节点，由总编室统一开展选题策划与实施，将采访力量、稿件资源等方面统一起来，报、网、台、微根据各自的宣传特点分工合作，做到宣传"事前预热、集中报道、事后延伸"的宣传节奏及"主消息＋评论＋视频＋专题"等立体化宣传形式。近两年，新闻中心聚焦热点大事，由总编室牵头策划了管道局纪念"八三"工程50周年、管道局"三会"、疫情防控等专题报道。在庆祝中国共产党成立100周年特别策划报道中，"一报一视一网三微"同频发力、互动互补、互为一体，做到同筹划、同编发。聚焦管道局主题庆祝活动、主题成果、先进典型的报道，党史教育在基层、我为员工群众办实事主题活动的宣传，"百人百文庆百年""我想对党说"栏目注重与受众互动，AR观展可足不出户参观各地党史成就展览，最终形成一大批有温度、有影响力、有引导力的融媒体作品。

2. 分工协作，确保日常选题出亮点

打破部门界限，建立融媒体创新工作室，编辑记者分工协作，加强前期策划，发掘生动鲜活的管道故事，注重选题内容的质量和深度，使策划有内容、有思想、有深度。此外，在不同节假日推出春节特别报道、五一劳动节、五四青年节、重阳节等主题，从不同角度、不同方面彰显了管道人的工作、生活、情感，表现他们敢于担当、无私奉献、热爱生活的精神。

（三）有先有后，一盘棋做好稿件编发

1. 坚持移动优先

移动互联时代，"终端随人走，信息围人转"已经成为信息传播新形态。新闻中心围绕全年重大选题，实现报纸、电视、网站及"两微"、抖音

等传统媒体与新媒体的联动,构建完成以新媒体生产和传播为核心的策采编播发网络流程,实现"一次采集、多次编辑、全方位传播"。将网站人员和业务全部划入编辑部,报纸、网站在内容发布、专题专栏等领域同时开栏、同步刊发,实现融合。微信开设专栏《管道微视》,将电视新闻"搬家"到手机移动端,实现视频业务与新媒体平台深度融合。

2. 强化技术支撑

技术是媒体融合发展的重要支撑。在编采过程中,充分利用大数据、数据库等整合编辑采访内容,利用5G、移动直播、无人机、全景拍摄等,获取更广阔、更准确的图片与文字信息。在中国国际管道大会报道中,新闻中心运用全景VR技术360度无死角一览大会风采。应用直播、无人机采集、全景拍摄、虚拟现实与高清平台等先进媒体技术,促使报道更及时、全面、立体呈现。

3. 做好立体化宣传

同一新闻事件,《石油管道报》重"深",重点报道做法实效;门户网站求"快",重点宣传动态新闻;管道电视台抓"活",运用镜头语言,多维度表现成绩成果;新媒体强"融",通过集成文字、图片、视频等,为受众提供"点面结合、融合联动"的新闻快餐。围绕疫情防控,报纸刊发了特写《书记"外卖员"刘晓东:"一群娃在等我!"》,被河北新闻网、河北共产党员网等4家网络平台和媒体转发,短视频《刘晓东:隔离不隔情,暖心送餐人》在央视新闻移动网、央视频、知河北、腾讯新闻、腾讯视频等媒体同步推出,纪录片《逆行送餐路》在中国教育电视台、中国纪录片网、"秧纪录"智能大屏同步播出。

(四)内外结合,一张网构建人才队伍

1. 加大对全媒体人才的培养

在媒体融合过程中,一支本领高强、能打硬仗的全媒体队伍对推动媒体融合至关重要。新闻结合媒体融合发展新趋势,实施员工价值提升五大工程；实施"名师点拨"工程，邀请新闻中心资深专家开展专题培训；持续推动"走出去"学习观摩与"请进来"培训研讨，实施重点骨干业务提升工程；通过师徒结对形式，实施"一对一"拔苗育才工程；加大内部培训力度，制定符合部门和人员需求的相关专业知识学习和业务培训，实施共同成长工程；持续开展"一线记者行"，深化"走转改"，增强记者的脚力、眼力、脑力和笔力。同时，每年开展专业技术人才评选，细化评选标准，确保评选出来的人才"大家都服气、自己有底气"。

2. 深化绩效分配改革

完善以质量为导向的绩效管理机制，健全员工绩效考核制度。强化绩效考核结果应用，与员工个人成长、岗位调整、评先选优、奖金分配等挂钩，推动形成合理有序的分配格局，调动广大员工积极性主动性创造性。

3. 构建"大通联"工程

把通讯员队伍融合作为推进中心融媒体工作的基础，构建一支政治坚定、业务精湛、作风优良的通联队伍，为融媒体建设提供强有力的智力支撑。创新管理模式，建立和完善激励机制，实施通讯员星级管理，不仅提升了基层员工的写作积极性，还拓宽了传播渠道。

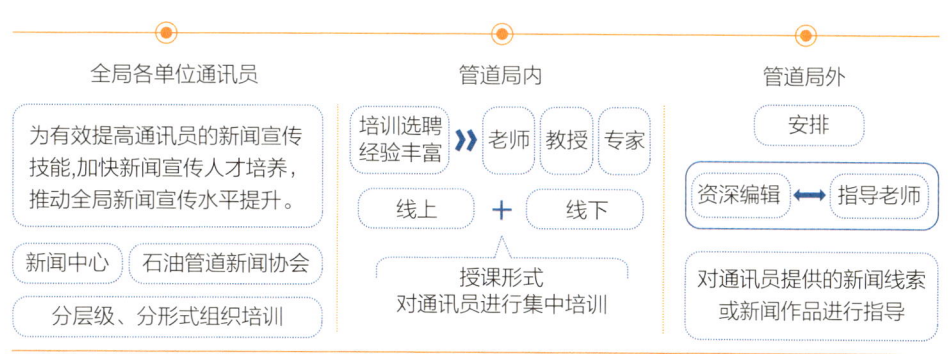

构建"大通联"工程

二、媒体融合的效果

（一）合而为一，新闻宣传迈上新台阶

新闻中心作为管道局的宣传阵地，加快构建融为一体、合而为一的全媒体传播格局，一直以习近平新时代中国特色社会主义思想为指导，认真贯彻党的十九大和十九届历次全会精神，全面落实管道局党代会精神和管道局"三会"工作部署，为管道局建设世界一流能源储运公司提供强有力的新闻宣传服务和舆论保障支持。2021年，新闻中心获得省部级以上好新闻奖58项，拓展《光明日报》等国家级以上外宣平台4个，并多点实现了新突破。在系统外省部级以上媒体刊稿62篇，其中国家级媒体刊稿21篇，数量为近5年来最多；在系统内媒体发稿142篇，其中《中国石油报》一版稿件25篇，数量为近5年来最多；在集团公司内网刊发稿件500余篇，其中今日要闻栏目刊发24条，数量为近5年来最多；视频作品在省部级以上媒体播发92部，其中，央视新闻频道播发2部、央视频播发13部，综合数量为近5年最多。

（二）广受好评，媒体矩阵实现新突破

传统媒体与新媒体融合发展，全媒体采编平台不断升级完善，覆盖的管道员工大大增加，报网互动互补、互为一体，做到同策划、立体编发；2021年是管道局官方微信公众号上线第6年，总阅读量突破745万人次；管道局官方抖音单条最高浏览量达69.7万人次，总粉丝量破万；管道传媒品牌不断彰显，各媒体密切联动，创作出《送你一朵小红花》《我们》《特殊使命》等一批融媒体作品，受到广泛好评。

（三）凝聚合力，舆论引导出现新格局

新闻采写持续发力"广、精、深、活"，不断向深度、广度、高度延伸，记者放下架子，俯下身子，将目光对准基层和一线，将镜头对准普通员

工平凡的工作和生活，注重宣传的温度与角度，以灵活多样的形式吸引员工参与。同时，适应分众化、差异化传播趋势，读者在哪里，受众在哪里，宣传报道的触角就要伸向哪里，宣传思想工作的着力点和落脚点就要放在哪里。让员工用自己的语言讲身边的事，更接地气，更有人情味，实现"下情上传"，营造了和谐稳定的良好舆论氛围，凝聚干事创业合力。

（四）建设队伍，人才强企取得新成果

推进专业技术人才队伍建设，制定《中心专业技术人才管理办法》《中心专业技术人才考核办法》，聘任8名专业技术骨干人才，形成良好的工作机制和竞争氛围。完善人才创新激励机制，强化以能力和业绩为导向的绩效考核制度，设定具有可操作性的绩效考核指标，提高干部员工工作积极性主动性创造性。通讯员队伍进一步巩固扩大，评选表彰"十佳优秀通讯员"，2021年局属单位83人获得星级通讯员称号。

（五）丰富形式，融媒技术得到新扩展

大数据、5G、移动直播、无人机、全景拍摄、H5引入编采环节，丰富了新闻的表现形式，拓宽了传播领域。同时，利用大数据分析管道员工个性化需求，实现单向式传播向互动式、服务式、场景式传播转变，不断提升新闻宣传阅读量、点赞量。

三、媒体深度融合的思考

媒体融合发展是一场重大而深刻的变革，从推动媒体融合，到推动媒体深度融合，需由表及里，深入到融媒体生产的每个流程和环节。要完成这些流程和环节，应该从融合宣传的内容、人才、技术、机制四个重要维度入手，这也是实现国有企业媒体深度融合的前提与基础。

(一)内容为王,实现影响力的融合

内容是媒体生存发展的关键,也是各大媒体的核心竞争力所在。无论是传统媒体还是新媒体,内容为王的理念都应该被置于首位。唯有在宣传内容上具备优势,方可赢得发展上的主动优势。石油管道行业涉及业务多、领域广,有许许多多奋战在各工作一线的管道人,新闻素材也是较为丰富。基于读者、观众阅读习惯的新改变,在宣传姿态上,更应该放下架子,俯下身子,多发掘生动鲜活的人物和故事,将镜头对准普通员工平凡的工作和生活,注重宣传的温度、角度,以灵活多样的形式吸引员工的阅读兴趣,让新闻作品更接地气,更有温度。在宣传工作中,要适当增加音视频内容的供给,使新闻作品更加生动具象。在优质的栏目、微视频、海报图片、有声新闻等产品上多下功夫,增加爆款内容的创新能力,让更多优秀的融媒体作品"出彩""出圈",从而提升新闻作品的影响力与传播力。

(二)人才蓄能,实现思想上的融合

"媒体竞争关键是人才竞争,媒体优势核心是人才优势。"人才队伍建设是国有企业实现媒体融合推进的重要保障,提高媒体队伍素质建设,有利于促进员工树立社会责任以及主动服务大众的观念和自觉性。在管道局,新闻宣传由企业内部的新闻工作团队负责。因此,强化新闻工作团队实力,盘活内部资源,向内挖掘人才潜力,让媒体人才实现一专与多能并重,打造一支主动顺应媒体融合发展新形势、新要求,抓得准、拉得出、反应快,能打硬仗、善打硬仗的全媒体队伍至关重要。在培养与激励中,要对青年人才、通讯员创新形式,加大力度,抓好后备人才的培养与储备。应坚持人力资源、薪酬政策向采编一线队伍倾斜,向关键攻坚岗位倾斜,让优秀的全媒体队伍力量更强、装备更好、待遇更高,从而调动新闻宣传队伍整体实力的提升。

(三)技术创新,打造突破性的融合

创新和变革,离不开技术驱动。媒体融合也离不开强大的技术支持,随

着媒体技术的飞速发展,大数据、云计算、人工智能、5G技术在传播渠道、传播形式上的运用,革新了当前的信息传播方式。但在媒体深度融合的过程中,技术支撑力欠缺,却一定程度影响着媒体融合的效果。要高度重视技术前沿的新鲜资讯,主动开展自主研发,搭建创新型平台。除了当下流行的订阅号、服务号、网络视频、客户端以外,可以尝试探索出更多基于企业实际的软件平台。通过自有平台实现栏目开发,增添很多人们平时所能想到的,但在传统媒体中无法实现的新鲜内容,打造管道行业中更具新意的融媒体作品。

(四)机制创新,建立资源上的融合

企业媒体融合,建章立制是破题之要,也是完善机制规范运营、维护,不断夯实融合建设的基础。在媒体深度融合过程中,既要创新,更要守正,做好顶层设计,坚持党管媒体,牢牢把握正确的政治方向、舆论导向和价值取向,让党的声音传得更开、传得更广、传得更深入。以机制创新实现资源整合,进一步夯实组织保障,坚持一体化发展方向,持续实施总编轮值负责制,充分发挥编务会作用,强化业务指导和工作督导,健全重大新闻攻坚战的协调联动机制。各部门决不能各自为政,而是要全员齐动,将提升采编业务能力作为新闻中心议事决策的重要内容,融入日常管理工作中。在提升采编业务能力过程中,与"青年文明号""青年岗位能手"等创建活动有机结合,调动广大青年员工积极性,为融媒体发展注入更多新力量、新主张,实现新跨越、新发展。在《新闻中心融媒体项目实施管理办法》基础上,进一步创新优化媒体运行机制,推动内部跨业务、跨部门开展资源共享,并同步做好外部跨单位大通联队伍建设,通过流程优化、平台再造,实现各种媒介资源、生产要素有效整合,实现信息内容、技术应用、平台终端、管理手段共融互通,催化融合质变,放大一体效能,打造具有强大影响力、竞争力的企业媒体。

四、结语

加快推动媒体融合发展是以习近平同志为核心的党中央对新时代宣传思想工作作出的重要战略部署，也是新媒体时代传统媒体实现转型的重要方法和路径。习近平总书记强调："媒体融合发展不仅仅是新闻单位的事。""媒体融合发展是一篇大文章。"由此可见，企业媒体融合早已不仅是创新的概念，更是信息时代背景下媒介发展的必然趋势，是互联网迅猛发展基础上对传统媒体的一种有机整合。

企业媒体深度融合不可一蹴而就，在实际的工作实践中，企业应坚持正确的舆论导向，立足行业特色、企业特点和自身优势，构建高质量的全媒体传播体系，在机制创新、内容提升、人才蓄能等方面还需持续关注深入探索，在"融"中创造，在"合"中提升，做好企业文化宣传，使新闻宣传的"软实力"转化为强大的"生产力"，助力企业的高质量发展。

（主研人：赵井新　许朝霞　王　悦　牛佳宁　尚思雯）

用好红色资源 传承红色基因 助力高质量发展研究

宝鸡钢管公司

党的二十大报告强调，要弘扬以伟大建党精神为源头的中国共产党人精神谱系，用好红色资源，深入开展社会主义核心价值观宣传教育，深化爱国主义、集体主义、社会主义教育，着力培养担当民族复兴大任的时代新人。习近平总书记在《致大庆油田发现60周年的贺信》中指出，大庆精神铁人精神已经成为中华民族伟大精神的重要组成部分。作为党领导下的中国石油装备制造核心企业和龙头企业，中国石油宝鸡钢管有限责任公司（以下简称"宝鸡钢管"）深入学习贯彻习近平总书记对文化强国的重要论述和对大力弘扬石油精神的重要批示精神，通过理论研究、文化展示和文化运用，寻找宝鸡钢管文化根脉、精神家园和方向指引，深入挖掘研究宝鸡钢管60多年发展中蕴含的红色基因，深入挖掘研究宝鸡钢管"干"字文化和与石油精神、大庆精神铁人精神一脉相承的理论和实践支撑，以深厚的文化积淀和涵养，增强宝鸡钢管品牌形象和宝鸡钢管员工干事创业的底气、信心，推动新时代"干"字文化在宝鸡钢管守正创新发展。

一、"干"字文化是标记"从哪里来，到哪里去"的根脉文化

（一）"干"字文化是"同心向党、实业报国"的政治文化

1956年，为解决石油长距离运输问题，国家从前苏联引进一套大口径螺旋焊管机组——650机组，落户到秦岭脚下的宝鸡，自此，宝鸡钢管就以保障国家能源安全和满足人民对美好生活的向往为己任，在艰难复杂的环境中勇当先锋、引领发展。一路走来，无论是深耕油气保障、输水供暖、新能源等主责主业，还是参与抗震救灾、乡村振兴、疫情防控等，宝鸡钢管彰显央企担当，履行社会责任，坚持社会效益第一，不计得失，是党和人民靠得住、信得过的铁军队伍。江泽民等党和国家领导人先后到宝鸡钢管视察，江泽民同志为宝鸡钢管题词："生产优质钢管，支援四化建设"。党和国家领导人的视察和肯定，是宝鸡钢管最大的政治底气和发展自信。

（二）"干"字文化是中国焊管"活化石"的历史文化

从生产出"共和国第一管"为国庆十周年献礼，到支援建设大庆、哈尔滨、四平、鞍山、大连等地的螺旋焊管生产线，在特殊年代，宝鸡钢管发挥了"种子队"作用，"凡有钢管厂、必有宝管人"被传为佳话。60多年来，宝鸡钢管先后参与了"八三"管道工程、西气东输、中俄东线等国内所有长输管线建设，供管比例达到55%以上，油套管日益走进油气勘探舞台中央，连续管引领行业发展，新能源项目积极布局，是国家能源输送、油气勘探开发和新能源装备的重要保障力量。拥有中国焊管行业唯一的国家级研发中心——国家石油天然气管材工程技术研究中心，主办中国焊管行业唯一的国内外公开发行的技术期刊《焊管》杂志。无论是科技创新，还是服务保供，宝鸡钢管都以高度的政治自觉和使命担当勇站排头，引领了行业前进的方向，是中国焊管发展的"活化石"和重要力量。

（三）"干"字文化是"融入生产经营"的管理文化

"干"字文化形成于火热的生产实践，是培育团队精神，激发团队激情，实现企业目标的思想引擎；是作用于具体的管理制度之中，体现管理理念的价值导向；是调动员工内在驱动力，通过增强自我约束和自我解放推动具体工作的文化自觉。经过60多年的沉淀，宝鸡钢管逐步将"干"字文化内嵌于具体的制度之中，融入各项工作的管理中，更好地发挥文化的引领功能。

"同心向党、实业报国"的企业宗旨，"诚信管天下"核心理念，"国内第一、国际一流"企业愿景，"哪里有石油、哪里就有BSG"企业目标和"干"字企业精神，构成了"干"字文化基本理念。"与管同行、以优制胜"经营理念，"是才必有用"人才理念，"开放合作、自立自强"科技理念，"像呵护婴儿一样对待每一根钢管"质量理念，"关爱生命、责任为天"安全理念，"像家庭理财一样精打细算"成本理念，"钢管未到、服务先行"服务理念，"志洁行廉、风清气正"廉洁理念，构成了"干"字文化应用理念。这些基本理念和应用理念是宝鸡钢管最稳定、最可靠的价值体系，是宝鸡钢管做好各项工作、推动高质量发展的重要思想保障。

（四）"干"字文化是根植于石油精神的创新文化

宝鸡钢管"干"字文化归根结底是石油文化，是石油精神价值体系的重要组成，是企业的"根"和"魂"。宝鸡钢管因油而生，因油而兴，创建于石油、成长于石油、兴盛于石油，宝鸡钢管"干"字文化和以"三老四严、苦干实干"为核心的石油精神一脉相承，是石油精神和大庆精神铁人精神在宝鸡钢管的具体体现和生动实践。新时代新征程，宝鸡钢管赋予"干"字文化"苦干、实干、巧干、会干、快干""一个人、一条路、一根管、一片天"的"五个干"和"四个一"新内涵，"五个干"是过程，体现的是斗争精神，"四个一"是目标，体现的是责任担当，"五个干、四个一"是宝鸡钢管以保障国家能源安全，支持和服务油气勘探开发为己任，奋力创建世界一流企业的文化表达。

二、"干"字文化是滋养心田、涵养血脉的精神家园

（一）建强"干"字文化阵地

1. 完善文化场景

文化场景是文化传播的有效途径，是展示文化生态和感受文化体验的重要载体。宝鸡钢管对厂区文化景观和文化场景进行了修葺和展示，修整镌刻企业文化理念的12根文化柱，以及镌刻有江泽民同志题词和公司参与保供管线的文化墙，在公司厂区门口显著位置设置"中国焊管发源地"企业文化场景。通过组织"赓续红色血脉、领跑油气管业""靠油气装备立身，为民族复兴赋能"等主题开放日活动，对外宣介展示"干"字文化内涵和场景，笃定建设世界一流企业的信心和决心。

2. 创作文化作品

坚持以员工为中心的文化创造导向，创作增强员工发展信心的优秀作品。推出了《领军之路》企业宣传片和《我和我的祖国》快闪。连续举办了八届"我爱我家"主题系列微电影大赛，以员工日常故事为原型，用镜头记录基层员工"敢"字撑腰、"干"字当头的平凡故事。微电影、短视频、书画、漫画、评论文章等文创产品常态化持续供给。一批深受员工喜爱、社会反响强烈的优秀文化产品在公司网站和"石油钢管"微信公众号等平台广为传播，深受员工喜爱，广泛引发共鸣。

3. 创建文化家园

打造职工书屋、职工之家、健康小屋等平台，为员工学习文化、组织活动、健康监测提供舒适场地。围绕重大事件和重要时段举办文体活动，举办"歌唱祖国、追梦前行"新中国成立70周年文艺汇演，"石油工人心向党、建功奋进新征程"庆祝中国共产党成立100周年歌咏晚会；举办"奋进杯"

乒乓球比赛、"精益杯"气排球比赛，倡导积极向上、健康快乐的生活方式。举办"中国梦·劳动美——翰墨光影迎国庆"员工书画作品展和"建功新时代　喜迎二十大"摄影作品展。公司一线员工作为全国"十四运"暨残特奥会宝鸡市第一棒火炬手成为瞩目焦点，主动参与的全国"十四运"暨残特奥会志愿服务活动广受好评，用实际行动展现出宝管人的精神风貌。

（二）展示"干"字文化品牌

1. 打造企业文化教育基地

利用现有资源全力打造好三大教育基地，即"中国焊管发源地"教育基地、长乐塬宝鸡现代工业展厅教育基地和公司展厅。宝鸡钢管输送管公司制管一分厂是中国第一根螺旋焊管生产线，至今仍在为保障国家重大管线贡献力量，"中国焊管发源地"入选中国石油首批工业文化遗产。在西北最大的工业博物馆"长乐塬宝鸡工业博物馆"陈列公司的拳头产品和重大历史资料。企业展厅集中展示企业历史文物资料和重大发展成就，每年接待来访近3000人次。企业文化教育基地充分发挥展示形象、教育员工的作用，为广大干部员工干事创业提供强大的时代引领力和历史感召力。

2. 发布宝鸡钢管公司新版《企业文化手册》

以中国石油天然气集团有限公司（以下简称"集团公司"）新版《企业文化手册》和文化引领专项行动方案为基本遵循，通过访谈、下发调查问卷、座谈等形式，广泛征求不同层级干部员工的意见，按照"2+6"的基本构架，系统提炼了60多年的文化成果。"2"即"领导关怀＋致辞"两个篇章，"6"即"企业概况＋企业理念＋文化场景＋文化故事＋企业标识＋行为规范"六个篇章，抽象的理念和具体的教育基地、文化故事相互融合，形成一个立体交叉的文化体系。结合广大员工建议和公司高质量发展需要，在企业基本理念中充实了"同心向党、实业报国"作为企业宗旨，在应用理念中充实了"开放合作、自立自强"作为科技理念和"志洁行廉、风清气正"作为廉洁理念，形成了"五大基本理念＋八大应用理念"的基本框架。

3. 讲好"干"字文化红色故事

研究企业历史资料、走访先辈和建设者，深度挖掘红色基因和红色故事，以重要时间节点、重大项目事件为脉络，总结提炼11个具有时代感和代表性的企业文化故事，即"共和国第一管"为国庆十周年献礼、油气输送的东北枢纽、"八三"管线建奇功、"种子队"援建四方、"川气出川"铸就制管铁军、修建毛主席纪念堂献忠诚、西气东输勇站"排头"、印度管线誉满全球、连续油管填补亚洲空白、走进"舞台中央"的油套管制造"国字头"科技创新策源地等红色历史故事，这些经典红色故事成为全体宝管人的精神财富和继续走向胜利的精神密码。推出《中流砥柱——企业文化故事集》，收录了121篇聆听时代声音、把握时代脉搏的优秀故事，通过奋斗者的精彩故事连接60多年的发展历程，展现了共同的价值追求和行为准则。这些故事表现出来的思想、观念、态度、行为和价值观，是"干"字文化的集中体现和具体实践，生动地塑造了宝鸡钢管的精神形态。

（三）树立"干"字文化先锋

1. 搭建平台培育先锋

大力实施人才强企工程，为员工搭建平台，发挥员工在改革发展中的主体作用和价值创造能力，让真正有贡献的单位和有才能的员工脱颖而出，成为标杆和榜样。截至2022年，公司建成13个技师（劳模）创新工作室，近三年累计完成创新成果210项、成果转化155项，培养高技能人才65人。"彭建军创新工作室"被命名为"全国示范性劳模和工匠人才创新工作室"，彭建军同志被评为中央企业劳动模范。2022年3月，成立了技师（班组长）协会，成为集团公司驻陕地区及装备制造企业首家技能人才协助组织，吸纳了公司140名技师及以上高技能人才和400余名基层班组长，领衔承担集团公司2022年创新基金项目2项，领衔攻关集团公司级生产难题5项、宝鸡钢管公司级生产难题14项。

中央企业劳动模范彭建军同志（中间）在以其名字命名的
"全国示范性劳模和工匠人才创新工作室"解决生产难题

2. 提供平台宣传先锋

突出"干"字文化在岗位工作具体实践，积极组织各类先进评选，大力宣传报道先进典型经验，达到选树一个先锋，推进一域工作，带动一批进步的效果。劳模先进走上讲台，结合自身奋斗故事和业务成长经历开展党的十九届六中全会、党的二十大精神等宣讲活动。以先进典型人物事迹为背景连续推出"尽精微"系列专题视频宣传。连续推出"岗位大练兵、能力大提升"工程专家讲堂25期。"七一"表彰大会上，进行典型经验交流暨开展"石油工人心向党、建功奋进新征程"岗位建功主题报告，充分彰显榜样的力量。组织劳模事迹巡回宣讲、"宝管工匠心向党"主题报告会、召开劳模座谈会等形式，营造了"人人尊重劳动、尊重创造，个个崇尚先进、崇尚实干"的浓厚氛围，让"干"字文化有载体、有实践、有传承。

三、"干"字文化是指引干事创业、走在前列的行为指南

党的二十大报告强调，全面建设社会主义现代化国家，必须坚持中国特色社会主义文化发展道路，增强文化自信，围绕举旗帜、聚民心、育新人、兴文化、展形象建设社会主义文化强国。作为党领导下的国有企业骨干力量，先进的文化战略引领是宝鸡钢管在新的历史方位率先建设世界一流能源装备制造企业的必然要求，也是宝鸡钢管落实企业文化提升行动的核心要义。

（一）融入时代、守正创新，推动企业文化"活"起来

1. 开展"干"字文化专题宣讲会

举办宝鸡钢管公司新版《企业文化手册》发布会，组织优秀宣讲员成立宣讲团。在党建工作质量推进会上，通过主题报告、情景剧等形式，开展专题宣讲，再现宝鸡钢管 60 多年来，丰富和发展"干"字文化的光辉历程，用"干"字文化武装头脑、教育员工、指导实践。下沉基层单位开展"干"字丰碑文化宣讲，传播文化理念，以生动的形式将公司先进文化理念入脑、入心、入行。从上级部门支持，主流媒体推介，社会及员工热议三个层面聚集企业文化冲击力。

2. 开展大学习大教育

把石油精神和大庆精神铁人精神、"干"字文化作为各类培训的思政课、必修课，进教材、进课堂、进头脑，保证企业文化培训成为新员工入职培训第一课、员工日常培训重点课、青年精神素养提升必备课、领导干部培训必修课，抓好系统学习教育，使其成为全员思想和行为标尺。以"三会一课"、专题培训及青马工程等形式开展学习教育，确保石油精神和大庆精神铁人精神、"干"字文化学习教育覆盖率达到 100%，员工认知认同率达到 99%。

3. 开辟"文化引领大家谈"专题专栏

聚焦"基础建设"主题年和宝鸡钢管公司新版《企业文化手册》，征集

推广优秀图文、短视频、微电影等作品,通过文化故事推动文化理念深入人心。充分利用微信公众号、LED大屏幕,以短视频、微电影等形式展播文创作品。

4. 用好文化载体

维护好"中国焊管发源地"教育基地、文化展厅、文化广场等有效载体,培育独具特色的"干"字文化红色资源。严格各类文化标识的应用和管理,按照一个标准一套体系,全面清理标识应用不规范行为,保证上下一致,提升宝管文化的辨识度和传播力。用好数字化、信息化技术,以现代化科技手段展示"干"字文化。

(二)以文化人、以文铸魂,推动"干"字文化"兴"起来

1. 举办企业文化知识竞赛

通过线上线下,开展覆盖全员的企业文化知识竞赛活动,培养一批有理论有实践有情怀的"干"字文化宣讲员,促进干部员工牢记文化理念,认同文化理念,践行文化理念。

2. 举办建厂65周年庆祝活动

围绕"赓续红色血脉 展望百年宝管"主题,组织座谈会、研讨会、劳动竞赛、技能比武、歌咏晚会、运动会等庆祝活动,教育广大干部员工不忘来时路、走好当下路、展望未来路,为企业高质量发展筑牢共同思想基础。

3. 鼓励基层文化创新

根据不同的生产特性和地域文化,鼓励基层单位在严格尊崇公司文化理念的基础上,提炼有特色的分公司文化、分厂文化、班组文化,形成内涵更加丰富、体系更加完整、特色更加鲜明的子文化体系。

(三)继往开来、勇毅前行,推动"干"字文化"强"起来

1. 推动文化理念进章程、进制度、进报告

自觉将文化理念作为各路工作的价值引领,公司重要章程、重要制度、

重要报告体现文化元素中的价值追求、核心理念和愿景目标，体现宝鸡钢管的文化特质和管理特色。将企业文化建设情况纳入党建责任制考核，作为意识形态管理的重要内容，量化分值，进行重点考核。

2. 加强品牌形象建设

通过"中国石油开放日"、油气装备展会、新产品发布会、新产品在油气现场成功应用等重要时间节点，做好有仪式感的品牌宣传，坚持"诚信管天下"的核心理念，以优质的产品和卓越的服务塑造良好的品牌形象，以专业的素养和诚信的态度展示优秀的品牌价值。

3. 加强劳模宣讲和创新工作室创建

评选劳动模范，结合弘扬"干"字文化开展劳模宣讲，促进"干"字文化具体化、人格化。积极申报省、市级和集团公司创新工作室，运用好创新工作室、班组长（技师）协会和"党建联盟"平台搭建上下游联合攻关机制，推动和长庆油田、中油测井等上游单位的创新工作室联盟取得新成果。

4. 组织劳动竞赛和加强"青"字号工程

组织开展劳动竞赛，突出特殊时段、特殊背景下的"干"字文化表达，发动全员生产攻坚、技术攻坚和价值创造活动。落实党建带团建具体任务，推进"青"字号工程系列活动，在专家讲堂、"五新五小"评选中，突出助手和后备军作用。

企业文化源于员工，属于员工；员工滋养文化，承载文化。"干"字文化是以奋斗者为本培育的奋斗者文化，积淀着宝鸡钢管最深沉的精神追求，是宝鸡钢管自立自强的丰厚滋养。宝鸡钢管将以党的二十大精神为指引，坚持中国特色社会主义文化发展道路，加快推进"干"字文化引领专项行动，不断把宝鸡钢管的企业文化、精神文明建设推向新的高度、新的境界，以新时代"干"字文化创新实践赋能高质量发展，以实实在在的业绩践行"把装备制造牢牢抓在自己手里"的使命担当。

（主研人：舒高新　晁小陇　刘　军　黄　胜　陈云峰　宋婉霞）

世界一流企业全球传播话语体系及中国企业对外话语体系构建的实践研究

经济技术研究院

党的十八大以来,习近平总书记就加强国际传播能力建设作出一系列重要论述。中央企业作为中国企业参与国际竞争的国家队、中国企业"走出去"的先行者、"一带一路"建设的主力军,在国家构建大外宣格局、加强国际传播能力建设中承担着独特的使命责任。中国石油经济技术研究院课题组从可持续发展视域下的中外企业对外话语体系建设案例比较研究入手,以期总结提炼适用于"走出去"中国企业尤其是中央企业的议题、渠道、叙事策略,为中央企业对外话语体系构建提供对策建议。

一、中外企业全球话语实践比较及特色做法

课题选取的14家案例研究样本企业包括英国BP公司、法国电力、美国卡特彼勒等6家国外企业,中国石油、中国石化、国家电网、中国建筑、中国中车等6家中央企业,以及华为、海尔等2家民营企业。

(一)中外企业全球话语实践异同分析

中外样本企业全球话语实践"形似而神不似",在议题框架和渠道构成上日益趋同,但在议题传播深度、渠道活跃度、各渠道协同性、叙事方式灵

活性等方面存在明显不同,由此带来的传播效果也不同。

一是议题均聚焦业务发展、利益相关方、文化三大类,但内容侧重不同。中外企业虽然都注重发挥文化的软性影响和情感纽带作用,但国外企业侧重展示企业文化,中国企业侧重传播中国文化。

二是议题设置均与联合国2030可持续发展目标(SDGs)紧密关联,但对标路径不同。国外企业SDGs相关议题设置以鲜明的企业战略导向,即以企业战略导向为主,推动实现相关SDGs目标。而中国企业是以SDGs目标、企业年度重点工作为导引,裂解出企业可持续发展议题。例如,BP公司在"重新塑造能源格局,造福人类和地球"新使命指引下,在全球层面确定"净零目标""保护我们的星球""改善民众生活"三大方向,将其细化为20个公司可持续发展议题,涵盖SDGs目标中的16项,并在公司全球网站围绕上述议题开展传播。

三是对外传播均采用全渠道策略,但渠道活跃度不同。虽然中外企业均在全球主要社交媒体平台注册了集团和国别账号,但国外企业在账号功能细分、关联性、互动性等方面表现更为出色。

(二)国外企业全球传播特色做法

1. 有明确的议题和渠道选择策略,促进精准传播的有效性

以BP公司的"224"做法为例。一是坚持议题设置"二维重合":既满足公司发展战略需要,又能引起目标受众共鸣,二者的重合度越高,议题内容传播的预期效果越好。二是坚持社交媒体选择"两大标准":是否是目标受众使用的主流平台;是否能在该平台有组织、有效开展传播。例如,BP选择在领英(LinkedIn)开展具有职业导向的传播,选择以社群为中心的脸书(Facebook)开展公益传播。三是坚持社交媒体账号运营"四大要素":第一,会讲故事,有感染力,巧妙嵌入品牌,突出人物;第二,内容多渠道发布,让别人制造公司话题;第三,高品质图片和视频优先;第四,借助有影响力的人物传播。

2. 注重官方网站等自有传播渠道建设，保障传播平台的安全性

一是加强官方网站体系建设的顶层设计和统筹布局。例如，全球知名工程机械制造商卡特彼勒公司十分重视官方网站在内容对外输出、品牌形象打造方面的作用，其不同语种网站建设做到了"三个一致"——网站风格一致、栏目设置一致、主要传播内容一致，确保在全球塑造统一的品牌形象。

二是在全球网站语言版本、国别网站数量、专业网站功能细分等方面持续投入，形成了以官网外文网站体系为主的企业自主对外传播渠道优势。例如，世界领先的技术及服务供应商博世集团建立了37个语言版本、299个网站，覆盖全球142个国家和地区。这些网站成为博世集团面向全球和业务所在国家主要利益相关方，全面展示公司价值理念、产品与服务、可持续发展、技术研发进展、人才招聘等信息的窗口渠道。

3. 重视维护当地媒体关系，提升在业务所在国的传播效果

东道国民众往往更信赖本土媒体。国外样本企业通过当地媒体的正向传播，促进东道国民众逐步建立对企业品牌形象的正向认知。例如，卡特彼勒在中国设立了媒体及公共事务部，负责中国媒体的联络，通过媒体见面会等形式积极沟通，获得大量正向报道。人民网报道了卡特彼勒为海外建设项目搭建桥梁；国际商报报道了卡特彼勒积极融入中国"双循环"，支持中国和海外建设项目；界面新闻、第一财经等报道了卡特彼勒助力低碳未来的举措；《中国能源报》《中国经济导报》的深度报道，体现了卡特彼勒对低碳可持续发展的努力和前瞻思考。这些具有良好评价的本土媒体报道，有效提升了卡特彼勒在中国的品牌好感度和亲切感。

4. 找对企业"代言人"，借势传播使效能最大化

国外样本企业善于借助形式多样、主题鲜明的公关活动和商业赞助，加强企业品牌形象在全球范围和重点国别的传播。例如，丰田、卡特彼勒、博世集团、ACS集团等均赞助了国际体育赛事。卡特彼勒在中国与CBA合作，将其品牌精神"实干成就梦想"、品牌理念"专业、伙伴、全程、安心"与CBA的团队型体育运动精神有机融合，巧妙传播企业价值观和品牌精神。通

过一系列传播活动,让卡特彼勒在中国从物理世界的建设者,转化为"让充满优雅、激情、创新和传承的美好世界变得触手可及"的有温度的建设者,实现传播效能最大化。

5. 注重属地化话语表达,提高传播信息的接受度

国外样本企业注重结合渠道特点,准确捕捉受众兴趣点,尽量使用属地化语言,把话讲在受众的心上,入耳入脑。例如,全球知名国际承包商 ACS 集团在可持续发展报告中,着重介绍了其参与建造的美国洛杉矶索菲体育场举办的赛事,以及观众的观赛体验等,展现了 ACS 集团从受众兴趣点出发,追求传播内容先入耳、再入心的情感共鸣叙事策略。又如,博世集团中国人力资源官方平台"博世中国人才苑"微信公众号发布的 2023 年博世中国校园招聘主题"让'世'界因你而不同",以及"全方位福'励',倍感舒心"等招聘信息,广泛使用"谐音梗",有效拉近了德国品牌与中国年轻网络用户的距离。

"博世中国人才苑"微信公众号校园招聘信息

6. 通过企业基金会开展公益传播,提升品牌形象美誉认同

国外样本企业基本上均设立了企业基金会,并将其作为公司对外开展公益传播的重要渠道之一。以博世集团和卡特彼勒公司在中国的公益传播为例。罗伯特·博世基金会在中国设立的博世中国慈善中心，主要聚焦教育改变贫穷、打破教育空白、发展青年人能力等方面，对外传播博世中国如何响应"精准扶贫"政策推广西部扶贫项目，以慈善项目为载体协助解决社区问题的做法和成效。卡特彼勒基金会在中国捐赠25万美元用于支持新冠病毒防疫获搜狐网报道，其捐赠100万美元在全球95个社区开展植树造林的新闻消息被中国工程机械行业爱好者网站"铁甲工程机械网"转发。在有关卡特彼勒公益活动的新闻报道中，国内合作伙伴、卡特彼勒奖学金受益学校及当地政府等利益相关方均给予了肯定性评价。

（三）中国企业对外传播特色做法

1. 加强与中央主流媒体海外平台联动，提升对外传播效能

中央企业注重借助我国主流外宣媒体海外平台影响力传播企业议题。例如，中国建筑与《人民日报》、新华社、中央广播电视总台等国内主流媒体建立了战略合作关系。其中，与中央广播电视总台联合摄制纪录片《大国建造》等精品融媒体产品，全方位、多角度展示32个在中国建造的重大工程，并在中国国际电视台（CGTN）全语种频道播出，播放量8.79亿次。与环球网联合制作《外国主播看中建》系列融媒体产品，如2022年《和我到沙漠去看海》专题视频，邀请美国女主持人艾兰走进内蒙古巴彦淖尔市乌梁素海，从当地牧民生活不断改善等细节出发，展示中国建筑承建的全国最大山水林田湖草沙生态修复试点工程的治理成效，在海外社交媒体平台总传播量超过100万次。与CGTN联合制作《建筑在说话》海外重点工程回访系列节目暨"'建'证美好时代"开放日，讲述15个海外重点工程设计、建造、使用的故事，国内主流媒体新华网、《人民日报》《中国日报》，国外美通社、福克斯新闻等460多家媒体转载报道1600余篇次，海外受众触及达1.6亿人次。

2. 邀请国际媒体"走进来"，提升与国际媒体的交往能力

中国中车结合海外不同市场，分批次主动邀请欧美、南美、东南亚、南

亚、非洲等国家和地区媒体走进高铁车间，与中车各层级员工对话。例如，邀请泰国媒体走进中车唐山公司，邀请马来西亚媒体走进中车株机公司，邀请澳大利亚媒体参观中车资阳工厂等，取得了广泛认同和正向报道。中国建筑在集团总部层面依托政府有关部门和驻外使领馆，定期策划国外媒体"请进来"活动；在二级单位层面，要求各涉外业务子企业主动联系驻外机构所在国主流媒体，争取刊发报道，形成传播成果。

3. 聘用公关公司加大专业支持力度，提高对外传播的保障性

以华为公司为例。从20世纪90年代初开始，华为就聘用了由美国前国防部长威廉科恩兴办的科恩咨询集团，协助公司应对美国政府的安全担忧。奥美、爱德曼、福莱国际传达咨询、博雅公关等国际知名公关公司都曾参与华为的海外传播工作。2019年，面对西方国家的质疑压力，华为聘请了世界顶级传播集团WPP旗下的BCW和锐思博德两家公关公司，为其制定应对策略。为帮助华为在美国重塑品牌形象，BCW拟定"信息战略"，并向潜在的"目标媒体"发送公关简报，高效疏通了华为海外传播途径。

4. 创新开展"云开放"活动，探索国际传播新方式

为积极克服新冠疫情对中央企业在海外组织开展线下主题传播活动的影响，借助新媒体等技术手段创新实施"云开放"活动成为中国企业国际传播的亮点。中国石油面向全球开展了中缅油气管道项目马德岛"云开放"活动，采用线上线下联动、全网发布方式，活动拍摄制作18分钟短视频，展示工艺内容，穿插故事，由属地员工担任主持引导，取得良好传播效果，活动新闻稿被翻译成9种语言，在18个国家和地区的324家海外媒体转载，潜在阅读量超过5.7亿人次。中国建筑在埃及开展的"云开放"活动，围绕"'建'证幸福"主题，获得埃及主流媒体和相关机构的高度赞赏。

中国石油中缅油气管道项目"云开放"活动

二、目前中央企业对外话语实践的不足之处

除了公司体制机制及治理模式不同，涉企国际舆论倾向性不同等因素之外，东西方文化传统及社会和企业价值追求不同，是中外企业全球话语实践存在差异的深层次原因。同时也要认识到，从中央企业自身来看，目前对外话语实践仍存在不足，主要表现为：一是文化类议题隐性传播的意识和技巧不足，不善于通过故事传递企业价值观、尚未将母国文化基因有机融入企业品牌形象塑造。二是对社交平台功能属性的分析研判不够，没有达到预期传播效果。三是参与企业对外叙事的主体较为单一，企业"自我讲述"较多，多维度多渠道联动传播的格局尚未完全建立。四是对业务所在国家文化等软环境了解不够，主动融入当地开展属地化表达不足。五是内宣惯性带来的外宣劣势，过多集中于重大议题、严肃话题，专业性较强，缺乏对普通人日常生活的关注和描绘，难以与海外受众形成共鸣。

三、构建中央企业"5437"对外话语体系

中央企业对外话语体系构建必须以习近平新时代中国特色社会主义思想为指导,把握"推进文化自信自强、增强中华文明传播力影响力""促进世界和平与发展、推动构建人类命运共同体"两条主线,服务于国家外宣外交大局,以中华文明蕴含的全人类共同价值为话语的价值基础,面向国际受众和海外利益相关方,通过企业对外话语实践,讲好中国故事、传播好中国声音,为加快建设世界一流企业创造良好舆论环境,以一流企业形象彰显可信、可爱、可敬的中国形象,从企业维度增强中国形象的"自塑"能力、增强中华文明的传播力影响力、增强中国参与全球经济治理的国际话语权。

(一)中央企业"5437"对外话语体系构成

构建覆盖议题设置、渠道建设、叙事方式和话语表达等关键环节的中央企业"5437"对外话语体系,即坚持5大建设原则、围绕4个层次设置议题、建立健全3大渠道、开展7种叙事模式创新实践。

1. 五大建设原则

一是守正创新,服务大局。坚持服务党和国家外宣外交工作大局,坚持服务企业国际化经营管理需要,加强理念创新、思路创新和方法创新,为加快建设世界一流企业创造良好舆论环境,以一流企业形象彰显可信、可爱、可敬的中国形象。

二是在企言企,融通中外。立足世界一流企业战略目标与国际化经营管理实践,用企业的话讲述企业的事。通过企业对外话语创新实践,打造融通中外的新概念、新范畴、新表述,为加快构建中国话语和中国叙事体系提供有力支撑。

三是明确对象,精准施策。准确识别企业海外利益相关方,建立常态化沟通交流和对话机制,逐步扩大知华友华"朋友圈",加强"一国一策"国际传播能力建设,研究把握传播对象的习惯特点,提升企业对外话语的说服

力、传播力和影响力。

四是释疑解惑，增进认同。面对国际舆论场，坚持客观平实、平稳平和总基调，立足事实主动发声，不人为拔高，避免过度宣传。面对质疑、偏见甚至诋毁，敢于发声，善于发声，提升企业国际传播效能，增进各方对中国企业、中国形象的认知认同。

五是久久为功，润物无声。兼顾当前工作和长远布局，系统规划和统筹推进，避免急于求成，好大喜功。持之以恒加强企业对外话语体系建设，既主动与联合国等国际主流话语接轨又加强对外话语创新，潜移默化影响国际受众和东道国民众。

2. 对外传播议题设置的四个层次

一是对标联合国2030可持续发展目标。应对气候变化相关议题可以突破行业和业务限制，建议所有中央企业优先关注。环境保护、员工多样性等相关议题次之，特别是以基础设施建设运营、能源矿产等原材料开采以及产品、装备生产制造等为主营业务的企业，或者在环境敏感地区生产运营、海外业务分布点多面广且本土化员工占比较大的企业，需要予以重点关注。其他议题主要基于企业在国内外的生产经营活动和管理实践等，对标联合国可持续发展目标进行设置。

二是响应企业业务所在国家和地区的大政方针。围绕所在国家发布的关乎国民经济和社会发展的重大政策，特别是具有战略性、前瞻性的愿景目标及发展规划等政策文件，把握业务所在国家政府、民众等利益相关方对外国企业的要求、期望和心态等，结合中央企业在当地的主营业务和运营情况，找到响应所在国家和地区政策、规划的切入点，将其纳入议题设置框架。

三是围绕企业战略目标和核心价值理念。中央企业是"一带一路"建设的排头兵、主力军，围绕企业战略目标和核心价值理念设置议题，重点在于"在企言企"。突出企业参与国际竞争与合作的主要市场主体身份，将企业发展战略、主营业务布局、国际合作项目、品牌形象塑造、企业履行社会责任实践等，纳入议题设置框架。

四是基于跨文化沟通的中外文化交流。在国家层面，既包括对中华文化的传承传播，也包括对东道国文化习俗的包容欣赏，结合当地传统节日、纪念日、重大庆典活动等设置议题。在企业层面，从企业使命愿景、核心价值观、品牌精神、沟通口号（Slogan）等核心价值理念入手，结合企业文化建设、品牌形象推广、商业赞助等内外部主题活动、公关活动等设置议题。

3. 三大对外传播渠道的基本构成

一是企业自有传播渠道，以多语种官方网站，企业财务和非财务年度报告、个性化刊物等官方出版物以及行业报告等公共产品为主。

二是外部媒体渠道，由中国主流外宣媒体、海外社交媒体账号、当地媒体和国际媒体等共同构成。

三是公关活动，主要包括企业各类主题策划活动，涉及企业开放日活动、企业文化交流活动、企业社会公益项目及员工志愿服务，企业主办和参加国际或地区性会议、论坛和展览展示活动，以及企业与智库、行业商协会、国际组织、非政府组织的交流沟通等。

4. 围绕七种叙事模式开展创新实践

基于中外样本企业全球传播案例研究及话语实践异同比较，提出以下七种叙事模式，供中央企业把握对外叙事原则、选取对外叙事角度、增强对外叙事感染力等参考借鉴。

一是平衡兼顾利益，避免以我为主。叙事要兼顾企业主张和受众需求，在企业战略目标、业务重点领域与受众关注点的交集中寻找话题，从外部视角讲述企业"在全球、为人类""在当地、为当地"的发展理念，突出因企业的存在为受众工作发展、家庭生活、个人成长、周边环境等带来的积极改变。

二是围绕企业活动，陈述客观事实。叙事要立足企业的发展战略、国际化经营管理活动等，降低调门，用客观事实、翔实数据、公开信息陈述企业海外重点项目进展、技术研发成果、企业社会责任实践等相关业绩、工作进展和社会贡献。

三是善于借物咏志，传递价值理念。叙事要善于借助企业社会责任典型案例、海外重大项目专题报道、公司高管国际场合主旨发言、品牌推广公关活动等传播文本和载体，对外输出蕴含中国传统文化底蕴的公司使命愿景、核心价值观、品牌精神等企业核心价值理念。

四是从宏大处着眼，以小切口入手。叙事要有国际视野，对标联合国2030可持续发展目标等涉及全人类共同发展的议题，关注业务所在国家和地区战略规划等重大问题，从属地化用工、本地化采购、保护当地社区环境等具体事例讲述企业的态度、行动和成效等。

五是学会简明扼要，避免长篇大论。叙事要适应新媒体时代受众阅读习惯，聚焦关键信息、突出重点要点、观点结论鲜明，力求用精炼的文字表达信息传递核心要义，避免出现因中外文等不同语言转化或者文化差异等带来的信息损失或理解偏差。

六是多用人物故事，少用对外宣言。叙事要善于通过人物讲故事，挖掘国际雇员、本地员工与中国企业共同成长、与中国员工跨文化沟通交流的故事，展现业务所在国家和地区民众、社区代表、意见领袖等"第三方"眼中的企业形象，避免以政府"代言人"形象说话。

七是结合渠道定位，顺应表达习惯。叙事要注重传播场合，结合不同渠道的功能定位展开。在网站、报告等企业官方渠道，要保持对外披露口径的严谨性、一致性；在社交媒体账号，要多用自带"流量密码"的图文故事、视频故事等讲述，增强叙事的画面感、感染力。

（二）关于中央企业对外传播策略的建议

1. 议题策略

一是将可持续发展问题纳入公司战略体系，与加快建设世界一流企业行动部署有机结合。只有从可持续发展角度审视公司当前及未来发展，才有可能真正筛选出适合对外传播的企业可持续发展议题。

二是从业务导向和受众导向两个维度，判断对外传播议题的重要性及优先级。使公司战略目标与利益相关方需求的交集最大化，把"企业想讲的"和"受众想听的"有机结合起来。

三是结合不同目标受众的关注点，研究确定优先传播的议题。面向国际受众，优先对标联合国 2030 年可持续发展议程目标，但有关表述需要与我国外交部对外公布的中方立场保持一致。面向东道国受众，优先从企业对业务所在国家和地区愿景规划等大政方针的响应行动入手，但要注意避免触碰政治性、争议性话题。面向股东、投资者、合作伙伴等关注业务发展的利益相关方，优先围绕企业战略目标、经营业绩、国际合作理念和重点项目等设置议题。面向员工等内部利益相关方，优先围绕员工权益保护、员工多样性与性别平等、文化包容性等设置议题。面向社区、消费者等外部利益相关方，优先围绕社会公益项目、社区关系、品牌形象塑造、产品与服务性能等设置议题。

四是建立中央企业对外传播议题库。按照全球性议题、国别议题、重要议题、一般性议题、企业议题、行业议题等不同维度，进行分类设定，为海外一线国际传播人员提供更多指导和服务。

五是坚持价值导向原则，文化类议题优先与企业品牌形象建设、跨文化沟通活动相关联。

2. 渠道策略

一是面对分众化、差异化、精准化传播趋势，有条件的企业尽可能采取全渠道策略，根据对外传播需要组合使用。

二是重视并加强企业外文网站建设，面向重点业务所在国家和地区建设多语种国别网站。

三是完善企业官方报告体系，打造具有行业话语权的公共传播产品。行业头部企业可率先打造行业趋势分析报告、展望报告等能够引领行业发展的公共传播产品，并对外免费公开发布，提升企业在所在行业的国际话语权。

四是优化完善海外社交媒体矩阵。精准把握社交媒体的"社群"属性，充分利用社交媒体的"社交"属性，推动企业海外社交媒体账号从矩阵式向生态式发展。

五是加强境外媒体关系管理，以企媒合作促进传播效能提高。

六是将渠道投放与活动策划结合起来，追求传播效果最大化。特别是对于企业开放日、高端论坛会展、重要产品或报告发布、品牌形象推广等主题活动策划，学会借力，充分利用国际和本土公关公司在人脉、经验、渠道等方面的优势，弥补企业在专业人才和国际传播经验方面的不足，更好地保障传播效果。

七是注重通过国际会展，以及与国内外智库、高校及非政府组织的交流合作等，展示企业形象，传播企业观点，拓展企业发声渠道。

3. 叙事策略

一是准确把握国际舆论动向，坚持内外有别叙事。在国际舆论场，着重传播中央企业尊重国际规则，遵守东道国法律法规，坚持诚信合规运营的各种经营活动和商业行为。

二是针对不同层面议题，选取恰当的叙事角度。对于应对气候变化等全球性议题，多讲企业绿色低碳发展理念、目标路径、技术应用和主营业务的减排贡献等。对于涉及少数群体的议题，更宜选取较为关注这些议题的国别，从社会公益项目实施角度，展现企业对特殊群体的态度和行动。对于业务所在国家和地区受众普遍关注的国别议题，注重通过本土化叙事，即用本地渠道（国别网站、当地媒体、当地智库等）、本地人（当地员工、当地社区代表等）、本地话语（对接当地政策和发展需求等），讲述企业经营对本地的影响，使企业叙事根植于目标国家，产生情感共鸣，从而提升企业话语传播力。

三是结合不同渠道话语表达特点，围绕目标受众的关注点开展差异化叙事。官方网站主要面向投资者，叙事要权威客观，详略得当，突出主题。官方报告主要面向企业利益相关方，以业绩披露和形象展示为主，要突出信息的可信度，增强报告的可读性。海外社交媒体主要面向大众，内容要更具开放性，为粉丝互动留言和吸引他人制造话题预留空间；话语表达要简洁生动,画面感强、感染力强的图文故事、视频故事更受欢迎。行业会议论坛,主要面向行业领袖、政府官员、合作伙伴等特定人群和专业人员,以企业高管和技术专家发言为主,叙事要聚焦会议论坛主题,突出理念和观点。

四是加强对外叙事的计划性和策划性。结合公司战略目标和业务发展需要,对于主营业务及技术优势等重点内容"频繁说";聚焦经营业绩等关键内容,分时机"重点说"。对于与公司主营业务相关性强的全球性热点事件,例如,抗击新冠疫情、赞助奥运会等顶级赛事,找准时机"专题说"。对于国别业务进展"有针对性地说"。对于主办会展论坛等主题鲜明的信息,在会展前、中、后等不同阶段"有计划地说"。对于可持续发展相关议题,结合全球和国别关注热点"常说常新"。对于公司使命愿景等核心价值理念,多平台口径一致"同步说"。对于丰富和塑造公司品牌形象的内容"借势说"。

五是坚持客观平实、平稳平和的对外传播总基调,立足客观事实,用国际受众喜闻乐见的方式叙事。坚持从企业角度说企业自己的话,内外宣严格区分,避免外宣语言内宣化。坚持用事实、数据和案例说话,不人为拔高,避免过度宣传产生负面影响。学会讲故事,用有感染力的故事,巧妙嵌入企业品牌形象。

六是以企业高管和当地员工为叙事主体,发挥"掌门人"和"身边人"在企业对外叙事中的独特作用。企业高管的话语风格与话语形式相关度较高,需要满足或匹配目标受众认知。深入挖掘当地员工的人物故事,以"个人叙事"为基本要素,借员工之口,增强企业叙事的真实性和感染力。

七是善于"借口"叙事,从第三方视角增强可信度和影响力。借专家或专业机构之口说,增强叙事权威性、可信度。借东道国或国际组织之口说,增强叙事的公信力和影响力。借网络大V、名人等意见领袖之口,特别是在海外社交媒体平台,加强互动交流,扩大叙事的影响面,实现话题"出圈"。借合作伙伴之口,建立正向品牌联想,增强叙事覆盖面,实现受众群体的"扩容"。

中央企业对外话语体系构建是一个长期过程，需要结合企业对外话语实践及内外部环境变化，进一步加强理论创新和实践创新。在"5437"对外话语体系框架下，持续关注企业国际传播工作顶层设计、专门人才队伍建设、对外传播效果评估、企业话语传播案例库建设等问题，从体制机制、能力建设、工具模型开发等方面加强保障。

（主研人：姜学峰　祁少云　王亚娜　施　靖　窦亚丽　许晓玲）

高质量党建引领"双一流"建设研究

北京石油管理干部学院

2020年8月,北京石油管理干部学院(以下简称"学院")新班子上任,中国石油天然气集团有限公司(以下简称"集团公司")党组提出尽快改变目前现状,建设一流党校和一流干部培训学院等新目标新要求。学院党委立志新时代新使命新担当新作为,坚持"以高质量党建引领学院高质量发展",围绕建设"一流党校和一流干部培训学院",提出了党的建设"走前列、作表率"的目标。

2021年4月,学院设立了本课题,成立由党委书记钱兴坤同志亲自挂帅的课题组。两年来,边研究、边实践、边完善,提出"党建强则党校强、党校强则党建更强"的鲜明观点,形成了学院重整后的第一次党代会报告和各年度党委工作安排,指导学院党的建设"走前列、作表率";提出和实施"政治立院、特色办院、人才强院、基础固院、从严治院、文化兴院"系统工程,推动形成班子团结共事、员工凝心聚力、党员示范带动、政治生态风清气正、文化精益卓越的良好氛围,学院面貌焕然一新;引领和带动学院教育培训工作的价值、质量和效果明显提升,有力助推了集团公司理论教育和干部培养,"双一流"建设迈出坚实步伐。

一、高质量党建引领"双一流"建设的背景

办好中国的事情,关键在党。党的十八大以来,以习近平同志为核心的党中央坚持以更大的决心和力度从严治党,以改革创新精神推进党的建设,提出一系列新思想,实施一系列新部署新举措,把党的建设新的伟大工程全面推进到一个新阶段。特别是全国国有企业党的建设工作会议以来,企业党建的地位和作用提升到了新的高度。在这种大背景下,学院高质量党建引领"双一流"建设显得尤为重要和紧迫。

(一)党中央对国有企业党的建设重视前所未有

全国国有企业党的建设工作会议强调,坚持党的领导、加强党的建设,是我国国有企业的光荣传统,是国有企业的"根"和"魂",是我国国有企业的独特优势,并用推动国有企业成为"六个力量"概括了加强和改进国有企业党的建设的目标。以习近平同志为核心的党中央把党要管党、从严治党提高了新的战略高度,把国有企业坚持党的领导、加强党的建设提高了新的战略高度,推进从严治党"宽松软"向"严紧硬"转变。党的十九大以后,更加强调党的领导,更加突出政治引领,更加突出全面从严治党,更加关注党建质量,更加注重常态长效。党校是党领导的培养党的领导干部的学校。集团公司党校是集团公司党的思想理论建设的重要阵地,我们必须认真贯彻全国国有企业党的建设工作会议精神,落实党中央对党的建设各项部署要求,在集团公司加强国有企业党的建设中走前列、作表率。

(二)集团公司抓党建强党建的力度前所未有

在石油工业的发展历程中,集团公司党组始终坚持党的领导、注重加强党的建设,围绕发展抓党建、抓好党建促发展,对于企业改革发展发挥了历史性作用。近年来,集团公司党组认真贯彻党中央要求,以强烈的使命意识和责任担当,按照"战略上推进、制度上完善、工作上创新"的思路,坚

定不移贯彻落实全面从严治党要求，抓党建强党建的思想更加坚定、机制更加健全、氛围更加浓厚、工作更加深入、考核更加严格。《中国共产党党校（行政学院）工作条例》第一条明确规定，党校（行政学院）是党领导的培养党的领导干部的学校，是党委的重要部门，是培训党的各级领导干部的主渠道，是党的思想理论建设的重要阵地，是党和国家的哲学社会科学研究机构和重要智库。集团公司党校应当在坚持党的领导方面做得更好，在集团公司加强党的建设中起到示范和引领作用。对照集团公司和学院高质量发展的要求，学院党的建设质量还不够高，对"双一流"建设有效引领和保障还不足。主要表现在六个方面：政治生态需要持续净化；理论学习研究不够深入；党委领导作用不够充分；干部人才队伍亟待优化；基层党建质量有待提升；党风廉政建设需要加强。对此学院党委高度重视，深刻认识到如果只是在课堂上讲加强党的建设，在科研报告中呼吁加强党的建设，而来到学院接受教育的党员干部，看不到学院自身党建的高水平高质量，看不到党委领导作用、党支部战斗堡垒作用和党员先锋模范作用的有效发挥，那就难以起到强根铸魂的作用，也配不上党校的这块牌子。因此，学院的党建工作必须不断加强，努力走在前列，才能发挥好引领作用，才能保障党校功能的充分发挥。

（三）建设"双一流"对加强学院党的建设需求前所未有

学院是党组培训中高层干部和战略预备队的主力军，自成立之日起就始终坚持党校姓党原则、重视党的建设，团结带领广大教职员工为党育人、为国育才、为石油企业发展赋能，从十亩荒凉土地上起步，建成了现代化教育培训基地，推动学院从无到有、由小变大、由弱变强，谱写了一部艰苦创业、砥砺耕耘、开拓创新、桃李芬芳的华彩篇章。特别是新一届领导班子任职以来，集团公司党组对学院发展提出了"建设一流党校和一流干部培训学院"的宏伟愿景，和实现"理念一流、装备一流、师资一流、管理一流、成果一流"的新目标。党建强则党校强，党校强则党建更强。面对新使命新目标，迫切需要学院各级党组织认真贯彻集团公司党组部署安排，坚持融入中心、服务大局，持续坚持党的领导、加强党的建设，充分发挥党的政治优势、组织优势、文化优势，团结带领教职员工守正创新、开拓奋进，开创学院各项工作新局面，充分发挥学院（党校）的主渠道主阵地功能作用。

二、高质量党建引领"双一流"的探索实践

学院党委以习近平新时代中国特色社会主义思想为指导，全面落实新时代党的建设总要求，深入贯彻党中央和集团公司党组部署，坚持党的领导、党校姓党，紧紧围绕"一个愿景"，实施"三步走"步骤，锚定"六个走前列作表率目标"，大力实施"七大战略任务"，不断提升党建工作质量和科学化水平，为学院高质量发展、建设"双一流"提供坚强保证。

（一）围绕"一个愿景"：建设一流党校和一流干部培训学院

实现"五个一流"的目标，建设"一流党校和一流干部培训学院"，是集团公司党组对学院今后发展的期望和重托，是两个校区共同的责任、学院今后一切工作的中心。坚持围绕中心抓党建、抓好党建促发展，以高质量党建引领"双一流"建设，以"双一流"建设的成效检验高质量党建的成效。

建设"一流党校"，即充分发挥党校"熔炉""阵地"功能作用，进一步打造成集团公司理论武装、干部培训、党性锻炼方面学员满意、企业认可、社会赞誉的"红色殿堂"；石油系统在思想理论建设特别是研究宣传习近平新时代中国特色社会主义思想方面走在前列的"思想理论高地"；英才荟萃、名师辈出、"马"字号"党"字号学术水准在集团公司和央企党校系统处于领先地位的"重要研究阵地"；国有企业加强创新干部教育培养、开展各类"党"字号培训的"示范基地"。

建设"一流干部培训学院"，即充分发挥集团公司干部培训、人才培养的主阵地主渠道主力军，进一步打造成：集"业务发展咨询、项目研发设计

和培训组织实施"三大功能于一体、行业领先、特色鲜明、竞争力更强的专业化培训机构；国企系统领导人员和管理职能培训体系建设的引领者、示范者；人才开发与人力资源管理、领导力提升、党建与企业文化等领域的"重要智库"；国内外一流的数字化学习、智能化培训、全程式培养平台。

（二）实施"三步走"步骤

第一步，深融合、补短板、夯基础，到 2023 年奠定党建工作进入集团公司企事业单位和央企党校前列的基础。

第二步，抓巩固、提质量、创特色，到 2025 年基本实现党建工作进入集团公司企事业单位和央企党校前列的目标。

第三步，站排头、树标杆、铸品牌，到 2035 年全面实现党建工作进入集团公司企事业单位和央企党校前列的目标，进一步提升在全国党校系统的知名度、影响力。

（三）锚定"六个走前列、作表率目标"

一是要在深刻领悟"两个确立"的决定性意义、做到"两个维护"方面走前列、作表率；二是要在思想理论建设方面走前列、作表率；三是要在发挥党委领导作用和党支部战斗堡垒作用、党员先锋模范作用方面走前列、作表率；四是要在干部和人才队伍建设方面走前列、作表率；五是要在作风形象方面走前列、作表率；六是要在文化铸魂育人方面走前列、作表率。

（四）大力实施"七项战略任务"

1. 大力实施"政治建院"，铸就"双一流"建设的红色灵魂

把握集团公司党校和直属高级培训中心的定位，把党的政治建设摆在首位，把政治标准、政治要求全面贯穿各项工作，夯实自身思想政治之基，充分发挥在集团公司党的政治建设中的作用。

2. 大力实施"特色办院"，彰显"双一流"建设的担当作为

特色是在长期办学过程中形成的稳定的、公认的、独特的办学优势和办学特征，建设一流党校和一流干部培训学院必须不断培育和强化特色优势，在集团公司党校教育、干部人才培养中发挥更大作为。

3. 大力实施"人才强院"，激发"双一流"建设的蓬勃生机

习近平总书记指出，党校不是一般的学校，党校教育培训的对象也不是一般的学生，这样的"不一般"，对党校师资的要求也不一般，党校师资队伍建设的力度也应该不一般。必须始终把自身人才队伍建设摆在更加突出的位置，统筹规划，完善机制，努力打造一支规模适度、结构合理、素质优良的干部员工和师资队伍，为"双一流"建设提供源源不断的人才支持。

4. 大力实施"基础固院"，夯实"双一流"建设的发展根基

抓基层、打基础是学院发展长远之计、固本之策。必须坚持以提升组织力为重点，突出政治功能，聚焦抓基础、深融合、强作用，推动基层党组织全面进步、基础管理全面过硬、基本素质全面提升。

5. 大力实施"从严治院"，涵养"双一流"建设的良好生态

"打铁还要自身硬"，学院作为培根育人之地、党的重要窗口，风清气正是基本的政治要求和道德规范。要深入贯彻全面从严治党方针，持续营造风清气正、干事创业的良好政治生态和发展环境。

6. 大力实施"成果立院"，提升"双一流"建设的价值影响

成果是学院各方面工作的结晶，是学院业绩的集中体现。一流的党校和一流的干部培训学院必须要有一流的成果。要始终立足集团公司发展大局，精心培育、用心浇灌学院成果之花，彰显学院的担当作为。

（五）实践成果

面对新冠疫情的严重冲击和学院高质量发展的艰巨任务，学院班子坚决贯彻集团公司党组各项决策部署，发挥党建的政治与文化优势，团结带领广大教职员工守正创新、砥砺攻坚，经受住了重大考验。各项工作焕发新气象，核心能力明显增强，培训质量持续提升，校区融合深度推进，品牌形象显著改善，队伍面貌焕然一新，员工收入稳步增长，为集团公司人才强企作出了新贡献。学院业绩考核、班子综合考评、党建工作责任制考评结果在集团公司各单位的排名明显提升，各项评分均创近年来最好水平。集团公司党组副书记段良伟用班子团结、工作质效、校区融合发展"三个大改观"给予了充分肯定。

1. 班子建设全面加强，政治生态风清气正

把营造风清气正、团结和谐的生态环境作为首要任务。带头用习近平新时代中国特色社会主义思想凝心铸魂，完善党委中心组学习和"第一议题"制度，建立健全习近平总书记重要指示批示落实长效机制，推进党的十九届五中、六中全会和二十大精神进课堂、入头脑，确保党中央和党组决策部署落地；带头践行"讲政治、顾大局、重学习、守纪律、促团结"，严格遵守民主集中制、完善重大事项决策制度流程，严格按标准要求选人用人、树立正确风向标，严格落实党风廉政建设各项要求，严肃党内政治生活；带头坚持以人为本，广搭员工成长平台，持续改善员工福利待遇，召开不同层次座谈会，解决员工实际问题80余项，开展"我为学院做贡献，我与学院共成长"和"转观念、夯基础、强作风"岗位实践活动，形成了心齐、气顺、风正、劲足的良好局面。

2. 发展蓝图全面绘就，一流建设逐步落地

把集团公司党组提出的"双一流"建设作为根本目标，深入外部调研，组织两校区深度研讨，融合编制了学院"十四五"规划，使学院和两校区的发展定位更清、思路更明、措施更实；建立重点工作督办机制，召开培训、科研、HSE等专项工作会议，完善考核激励，推动规划整体实施、不断落实见效；积极推进重组融合，制定推进重组整合方案，校区思想、管理、业务融合及人员交流不断深化，工作走在集团公司同期重组整合单位前列，形成共建"双一流"的整体合力。

3. 教研咨主业全面提升，人才强企支撑有力

把服务集团公司发展、为社会创造价值作为使命，开展课题研究、整合两校区资源，积极构建和持续完善培训项目体系、课程体系、运营管理体

系、资源体系"四位一体"的国企领导人员培训体系,并把广州校区"管理岗位标准化培训体系及认证体系"有机融入;坚持精益求精、追求卓越,带领教职员工克服困难,高质量承办举办了领导本领提升班、党校班、中青班、青马班、新员工集训等集团公司重点培训班,按时保质超额完成培训任务;积极推进培训方式转型,建设并持续完善"中油e学"平台,线上学习资源、人次、时长成倍增长,积极探索和实践线上线下相融合的培训模式,有力推助了集团公司培训数智化转型;坚持"教研咨一体化融合",加强力量、完善制度,聚焦集团公司发展战略、企业发展难题和学院培训体系,2020—2022年完成中组部、国务院国资委等上级研究任务7项,集团公司课题8项,系统内外企业咨询6项,自主立项课题69项,获得省部级表彰27项,转化形成58项培训项目(或课程),学习型、服务型、研究型、智库型功能作用发挥更好。

4. 改革管理全面深化,服务保障持续提升

把改革与管理作为推动学院高质量发展的重要抓手,提前一年组织完成改革三年行动计划,三项制度改革成效突出,受到集团公司通报表扬;大力

2021年10月12日,集团公司党校学习大讲堂启动仪式暨首讲式在学院举行

加强法治建设和强化管理，系统开展制度流程标准的体系化建设与融合，各项工作走上了科学化规范化轨道；持续深化精益管理、提质增效，克服新冠疫情的不利影响，连年完成集团公司下达的经营指标；系统加强各类风险识别与管控，严格落实国家、集团公司安全环保与疫情防控政策，2020—2022年实现安全无事故、办学"零疫情"；整体规划和推进校园建设，大幅度地改善了教学条件，完善了智慧校园基础设施，后勤服务保障水平不断提升，《北京石油管理干部学院学报》、党校学习大讲堂、数字化学习交流中心成为培根育人的新品牌。

5. 党的建设全面推进，队伍面貌焕然一新

召开学院重组后的第一次党代会，系统谋划和推进党的建设走前列、作表率。积极构建党建工作主体责任体系，推进党支部工作标准化规范化，推动"三基本"建设与"三基"工作有机融合；加强工团工作，健全工团组织，青年生力军作用有效发挥；推进全面从严治党向基层延伸，加强与派驻纪检组沟通协作，积极配合党组巡视，高质量高标准完成巡视反馈问题整改；持续优结构、提素质、转作风、强管理、激活力，三年来严格按标准选任中层领导人员37人，4名中层干部转入专家序列，聘任3名首席教授、13名一二级教授，内外选调39名成熟骨干，招聘34名优秀大学毕业生，连续三年开展"春冬训"、教师训练营活动。5人入选国务院国资委"名师工程"领军人才，14人入选"名师工程"骨干人才，11人荣获集团公司优秀培训教师。

6. 先进文化全面培育，育人氛围全面改善

学院始终把文化建设与硬件建设紧密结合，坚持用中华民族优秀文化培根育魂，用社会主义核心价值观凝魂聚气，持续开展石油精神和大庆精神铁人精神再学习再教育再实践，努力把学院打造成焕醒激情的舞台、身心修炼的主场、高效赋能的平台，让广大教职员工在学院这片沃土上尽情地施展才华、书写精彩。印发《学院党委意识形态工作责任制实施细则》，全面加强各类阵地管理，走好做到"两个维护"的第一方阵。融合提炼学院文化理

念，大力践行"忠诚、团队、专业、价值"的核心理念和"以人为本、突出品质、精益卓越、创造价值"的核心价值观，充分发挥企业文化的感召力、影响力，"讲政治、顾大局、重学习、守纪律、促团结"蔚然成风；以"聚全员智慧、创美好未来"为主题，2020—2022年连续3年举办"春冬训"，干部员工思想进一步统一，精神进一步振奋，力量进一步凝聚，作风形象、精神面貌、思想观念均有根本性转变。

三、高质量党建引领"双一流"建设的经验启示

几年来，学院党的建设在砥砺中奋进，在守正中创新，取得了丰硕成果，在实践中更加深化了加强党的建设、推进党校办学治校和人才事业发展、引领和保障"双一流"建设的规律性认识，形成了以下七个方面的经验启示。

（一）必须始终坚持党校姓党不动摇

坚守"为党育才、为党献策"的初心，一切教学活动、一切科研活动、一切办学活动都要坚持党性原则、遵循党的政治路线，自觉在党的新的伟大事业和党的建设新的伟大工程中精准定位，自觉为党和国家工作、集团公司大局服务，严以治校、严以治教、严以治学，确保党校（学院）各项工作始终沿着正确的方向前行。

（二）必须始终坚持抓班子带队伍促发展不偏离

聚焦风清气正、团结和谐，全面锻造"讲政治、顾大局、重学习、守纪律、促团结"的队伍；推进党建与业务深度融合，在各项工作中充分发挥党支部战斗堡垒作用和党员先锋模范作用；通过抓班子、带队伍、筑堡垒，促进学院高质量发展，长期服务好集团公司人才培养。

（三）必须始终坚持发挥"阵地""熔炉"功能不懈怠

把理论教育、党性教育放在党校工作和学院党的建设中的重要位置，努

力打造思想理论建设的主阵地、党员干部加强党性锻炼的大熔炉，不断培养拥护党的领导和社会主义制度、立志为国家能源事业忠诚奋斗的有用人才。

（四）必须始终坚持守正创新不停步

既要不断总结和传承发扬多年来好经验好做法，又要将创新的精神贯穿党的建设各领域各环节，理念上紧跟时代，内容上持续创新，手段上积极转型，使党的建设始终保持发展的生机与活力。

（五）必须始终坚持以人为本不能变

党的建设是做"人"的工作、是最大的管理，要把队伍建设作为党建和业务的结合点，发展依靠教职员工，发展为了教职员工，发展成就教职员工，真心诚意地关心关爱每一名教职员工，维护好发展好广大教职员工的整体利益，推动员工与学院共成长。

（六）必须始终坚持作风建设不放松

坚定不移弘扬石油精神和大庆精神铁人精神，传承红色基因，赓续红色血脉，强党风、优学风、正师风、树校风，打造凝心聚力、攻坚克难的坚强团队。

（七）必须始终坚持党建工作与党校工作相融互进不分离

党建强则党校强，党校强则党建更强。一方面，党建做实了就是生产力，做细了就是凝聚力，党建强了必然引领党校做强，党建不强党校工作注定失色；另一方面，集团公司党校功能和作用的充分发挥，必然会推动集团公司党的建设迈上新台阶。要把党建工作与党校工作有机统一起来，做到有机融合、互相支撑、相互促进。

（主研人：褚林涛　田解超　郑　健　宣　丽　贾烁宇
张轶婷　刘　旭　于悦悦）

实施文化引领战略举措
建设"四气"营销文化的探索实践

天然气销售公司

中国石油天然气销售东部公司（以下简称"天然气销售东部公司"）市场区域覆盖鲁、豫、皖、苏、浙、沪五省一市。这些地区是中国经济的活跃区带，百业竞雄，商贾骈集，货财辐辏，也驱动着天然气消费快速增长。2016年11月，为落实党中央决策，加快推进天然气利用，中国石油天然气集团有限公司（以下简称"集团公司"）全面启动天然气市场化改革，五大区域天然气销售分公司之一的天然气销售东部公司扬帆起航。

文化是企业的灵魂与根基，是企业生存发展最基本、最深沉、最持久的力量。天然气销售东部公司认真落实集团公司实施文化引领战略举措，秉承"奉献能源、绿色发展，为客户成长增动力，为人民幸福赋新能"的价值追求，勇担服务地方经济、助力绿色发展的企业使命，积极适应市场发展趋势，针对国内天然气资源供应多元化、市场主体多元化、市场价格差异化、市场竞争异常激烈的特点，大力传承弘扬石油精神和大庆精神铁人精神，大力培育以朝气、和气、大气、正气为主要内容的特色营销管理文化（以下简称"四气"），坚持不懈树正气、聚人气、鼓士气，实现文化建设与业务发展同频共振，万里福气与精神"四气"相融互进，市场开拓"气势如虹"与队伍"朝气蓬勃"交辉相映，为推动区域内省市能源结构升级、大气污染治理、持续改善民生、拉动经济增长贡献力量。

一、"四气"营销文化形成发展的背景与思想渊源

文化不是无本之木、无源之水，是在特定的背景下经过较长时间的积累、沉淀并加以提炼而逐步形成的。天然气销售东部公司成立于新时代，在中国优秀传统文化和中国石油优良传统的丰富滋养中孕育形成，在新时代中国石油高质量发展和天然气事业变革的火热实践中丰富发展。

（一）中华民族优秀传统文化的精华传承

"求木之长者，必固其根本；欲流之远者，必浚其泉源"。习近平总书记在党的二十大报告中指出，"中华优秀传统文化源远流长、博大精深，是中华文明的智慧结晶"，强调要"发展社会主义先进文化，弘扬革命文化，传承中华优秀传统文化""增强全党全国各族人民的志气、骨气、底气"。在五千多年的历史长河中，中华民族积淀了"自强不息""厚德载物""天人合一""和合共生""大道之行也，天下为公"等优秀文化基因，形成了以爱国主义为核心的团结统一、爱好和平、勤劳勇敢、自强不息的伟大民族精神，成为中华民族生生不息的灵魂和精神支柱，彰显了中华民族朝气蓬勃、和气共事、正气凛然、大气豁达的特有气质和品格。天然气销售东部公司以"四气"为特质，致力于打造充满朝气、弘扬正气、胸怀和气、保持大气的高素质管理运营队伍，与中华民族这些优秀文化基因一脉相承，是中华民族精神在新的历史条件下的传承和发扬光大，具有深厚的文化底蕴和坚实的思想渊源。

（二）石油精神和大庆精神铁人精神的时代弘扬

文化积淀着一个企业的价值传承，寄托着一个企业的共同追求，是凝

心聚力、生存发展的精神纽带和力量源泉。70余年来，在中国共产党的领导下，中国石油工业从无到有、从小到大、从弱到强，谱写了一部艰苦奋斗的创业史、无私奉献的报国史、砥砺奋进的改革史、敢为人先的创新史，孕育了以"苦干实干""三老四严"为核心的石油精神，铸造了以"爱国、创业、求实、奉献"为内涵的大庆精神铁人精神，积淀形成了"绿色发展、奉献能源，为客户成长增动力、为人民幸福赋新能"的价值追求，展现了石油人忠诚爱国、奋勇争先、求实创新、守正奉献的优秀品质和精神风采。天然气销售东部公司以"四气"为文化特质，致力于打造充满朝气、弘扬正气、胸怀和气、保持大气的高素质管理运营队伍，坚持"干"字当头、"实"字托底、"严"字为要，始终保持狭路相逢勇者胜、越是艰险越向前的进取精神，推动新时代天然气业务高质量发展。

（三）中国石油天然气销售公司文化的生动实践

多年来，中国石油天然气销售公司以"奉献能源、创造和谐"的主旋律，坚持"市场导向、客户至上，以销定产、以产促销，一体协同、竞合共赢"的集团公司营销工作方针，立足国内、面向国际，只争朝夕、勇闯市场，在持续重组中不断发展壮大，在深化与各地政府、各类合作伙伴的务实合作中，为国家能源结构调整和美丽中国建设作出了积极贡献，同时凝炼形成了"彰显力量、气化中国、福融万家"的企业使命，"助推美丽中国建设、点亮人民美好生活"的企业愿景，"安全环保、诚信合规、开放创新、合作共赢"的管理理念，"始于客户需求、臻于客户满意、超越客户期望"的服务理念，"为客户创造价值、为企业谋求发展、为员工赢得未来"的经营理念，"廉洁奉公、风清气正"的廉洁理念，"道相通、气相贯、心相融"的团队理念。天然气销售东部公司作为中国石油天然气销售公司下属分公司，打造"四气"营销文化，就是紧密结合实际，推动专业公司系列文化理念落地践行、开花结果，引领和支撑企业乘风破浪、创造辉煌。

二、"四气"营销文化建设的内涵和主要做法

"四气"营销文化,是以习近平新时代中国特色社会主义思想为指导,坚持践行社会主义核心价值观,传承弘扬中华优秀传统文化,借鉴现代营销先进管理思想,落实中国石油天然气销售公司的文化理念和团队建设要求,以石油精神和大庆精神铁人精神为引领,以朝气为力量、以和气为灵魂、以正气为基础、以大气为特质的新时代先进营销文化,致力于打造政治强、懂营销、善管理、会服务、能打仗、打胜仗的高素质天然气管理运营队伍,发挥以文弘业、以文培元、以文立心、以文铸魂、以文化人的作用,为建设基业长青的世界一流绿色能源供应商提供强大的价值引导力、文化凝聚力、精神推动力和核心竞争力。

(一)朝气——永葆朝气蓬勃、担当有为的精神状态

工作的活力来自朝气蓬勃的动力,有朝气事业才旺盛。面对新时代新征途,没有蓬勃朝气,没有生机盎然,就不可能在汹涌澎湃的竞争中有所作为。新时代天然气销售东部公司的每一名干部员工需要像青年那样,精神振作,向上进取,生气勃勃,充满活力,勇于担当。

1. 尊重规律,科学规划队伍建设

天然气销售东部公司以"讲科学、分层次、守规矩、重秩序、提素质"为目标,夯实基础,提升管理,为公司快速发展提供有力保障。讲科学,即认清天然气市场发展形势,尊重市场发展规律,掌握市场要素优化措施,在提质增效上有方法有手段;分层次,即划清职责界限,一级做给一级看、一级带着一级干,补位而不缺位,到位而不越位;守规矩,即严守依法合规底线,严格落实制度要求,不超越权限、不逾越程序,自觉把纪律观念和规矩意识内化于心、外化于行;重秩序,即在维护管理层次和程序位次的基础上,形成科学有效的市场秩序和价格体系,实现体系效益最大化;提素质,

即提高员工专业素质，全面胜任所在岗位，并着力提升综合素质，做到既可一专多能，又能独当一面。

2. 精准赋能，持续建强"三支队伍"

以提升工作能力、改进工作方法、提高工作效率为落脚点，不断增强"三支队伍"的现代化专业化信息化工作能力。补充壮大党建工作力量，建立工作机制、培养机制和奖励机制，使党务工作人员工作有精力、能力有提升、付出有回报，打造了一支政治站位明、理论水平高、业务能力强的党建队伍；树立正确用人导向，注重年轻干部培养锻炼，加大选拔聘用力度，按照年龄梯队、结构合理、性格互补、相得益彰的原则，打造了一支"重底线、讲规矩，重责任、讲担当，重党性、讲奉献"的管理队伍；针对公司成立之初员工来自系统内不同局级单位、工作经历和企业文化迥异的实际情况，系统研究和实施培训，组织新员工到机关部门轮岗，开展"师带徒""传帮带"，打造了一支专业能力过硬的客户经理队伍。

2021年"永远跟党走 携手新征程"健步走活动

3. 锤炼作风，提振干事创业的精气神

以增强党性锻炼、增强向心力凝聚力为目标，广泛组织开展党群工团活动。举办庆祝新中国成立70周年系列活动，集中观看电影《我和我的祖国》，到上海中心感受祖国改革开放伟大成就，增强家国情怀。到龙华烈士陵园瞻仰英烈伟绩，在上海展览中心重温解放革命历程，赴梁家河、遵义接受红色教育，使干部员工精神受到洗礼，理想信念更加坚定。组织"健康·活力·快乐·前行"主题健步走、"插花品香、美丽如你"三八妇女节、"栽下幸福树，收获新希望"植树护绿等活动，成立7个兴趣小组，覆盖全员，实现工团活动制度化、常态化，员工队伍集体荣誉感和凝聚力显著增强。

（二）和气——营造和气共事、互利多赢的人文环境

习近平总书记明确指出，"和衷共济、和合共生是中华民族的历史基因，也是东方文明的精髓。"天然气销售东部公司肩负区域天然气业务运营组织管理重任，负责7家单位的管理协调和监督控制，对加强融合、增强合力至关重要。面对众多的协调对象、业务合作伙伴，多年来秉承"服务地方经济发展、服务用户成长、服务市场繁荣"的宗旨，坚持"同心、同进、同优"原则，有效发挥了中国石油一体化经营优势，形成了东部天然气业务发展共同体。

1. 转变观念，树牢合作共赢新理念

销售业务的实质是服务，必然需要通过服务质量的提升扩大业务量，进而创造良好效益。面对天然气销售由"卖方市场"转向"买方市场"的重大变化，主动转变观念，树立"客户至上、市场为王"的理念，把服务升华为行动纲领、自觉意识，真心实意替客户着想，实实在在为客户服务，以此赢得信任、赢得美誉、赢得机会。在实践中，变"坐商"为"行商"，变"用户上门要气"为"主动登门送气"，主动协调解决各类用气问题，做到既要能走得出去，又要能请得进来。各级销售人员"腿勤""嘴勤""腿

到""嘴到",同各类用户建立良好关系,主动把客户请进来,实现"宾客盈门"。

2. 搭建平台,共同做大做优做强区域天然气销售业务

积极发挥自身资源禀赋,结合地方经济发展需要,积极搭建管线建设、发电、政府协作和投融资等四个平台,通过管网建设扩大市场辐射和占有,通过 LNG 点状渗透实现对潜在市场的培育和抢占,通过合资合作提升对产业链的控制力和话语权,通过金融杠杆延伸集团公司的经营触角、扩大影响力。特别是主动寻求合资合作,优选出江苏沿海输气管道、杭州燃气集团、丹阳华海热电、华电江苏公司及华能江苏公司等 10 个合资合作项目,形成向产业链末端延伸和发展的合资合作局面。

3. 党建联建,探索"党建+"新途径

2018 年 3 月以来,先后与苏州城投、上海燃气、江苏华电等地方企业和央企,在原有能源业务合作的基础上,多维度开展党建联建。特别是天然气销售东部公司党委与苏州城投公司党委联建签约,加深资源共享及联络沟通,推动双方党组织的联动、联建和联创,形成了"资源共享、优势互补、合作共促"的大党建格局;共同举办"五四"青年团日活动,进行户外拓展和青年员工座谈,先进标兵分享心路历程,取得了相互学习、相互借鉴、启发思路、共同提高的效果;苏州城投公司选拔 5 名优秀青年干部到公司挂职,带来党建、综合管理等方面先进管理经验,促进文化相互融合。天然气销售东部公司党委推广与苏州城投公司党建联建成功经验,与华润、江苏华电等下游用户开创党建工作积极互动态势。

(三)大气——涵养大气豁达、志存高远的胸怀境界

"思想有多远,我们就能走多远。"视野和胸怀决定着发展格局。天然气销售东部公司把"清洁能源供应的主力军,美丽中国建设的先锋队,人民美好生活的服务员"作为全员价值共识和奋斗追求,坚持以大视野构建大格局,以大格局成就大事业,以大胸怀涵养大境界,以更加开放的姿态拥抱华

东大区域，以更具创新的精神驱动大发展，始终在履行国有企业使命、服务华东经济发展、增进一方百姓福祉的征程中站排头、当先锋。

1. 以大视野构建大格局

发挥贴近市场、熟悉市场优势，科学研判发展方向，超前进行战略布局。瞄准"气电一体化"发展方向，着力提升对产业链的控制力和话语权，全力推进华电江苏合资合作项目。先后完成资产评估、可行性研究、挂牌摘牌、签订协议等，代表股份公司以现金出资，增资扩股整体参股华电江苏公司。这次合资合作是股份公司迄今国内投资金额最高的参股项目，实现"强强联合"，减少中间环节，提升运营效率和管理效率，对于集团公司稳定终端市场、提高调峰能力、获取投资收益、加快建设综合能源公司具有重要意义。

2. 以大格局成就大发展

密切关注国际国内天然气行业发展趋势和格局变化，把准党和国家行业政策的脉搏，以推进能源革命、保障国家能源安全、服务民生发展的大格局，积极谋划和推进业务及模式创新。主动参与上海石油天然气交易中心线上交易，全方位支持重庆石油天然气交易中心建设，培育用户线上交易习惯。发挥市场资源配置决定性作用，开启国内管道气线上竞价交易，拓展挂牌交易模式和LNG交易品类，推动线上交易常态化，形成了良好的示范效应，加快了国内天然气价格市场化进程。

3. 以大胸怀涵养大境界

站在政治高度，把保供作为重大责任，确保平稳有序。与地方政府、下游用户和同行业者联合管控，深化落实"压非保民"措施，利用"时间差""空间差""温度差"统筹平衡资源，2017年12月销量零增长，2018年2月销量负增长2.44%，日销量最低仅9800万立方米，与市场需求缺口近5000万立方米。通过大量细致的工作，有效保障了民生用气，较好满足河南省和山东省14个"2+26"通道城市"煤改气"新增需求，战胜山东、河南、安徽、江苏等多个省份接连出现的暴雪、气温骤降等极端天气考验，获得政府和用户理解支持，先后收到多个地市政府和企业的感谢信，为分担集团公司保供压力，保障北方用气贡献了力量。

（四）正气——保持正气凛然、清正廉洁的意志品格

清廉是福、贪欲是祸。天然气销售东部公司作为集团公司天然气销售业务的利润分中心、生产经营管理中心和区域资源配置协调中心，在承担销售任务的同时，也掌握着一些资源，存在经营管控风险和个人廉洁风险。遵纪守法、廉洁奉公是行稳致远的基石和保障，必须全面落实依规治党、依法治企的要求，保持"位卑未敢忘忧国"、立足岗位建功业的精神品格。

1. 全面推进阳光企业建设

认真贯彻集团公司领导干部会议精神，大力推进依法合规治企和强化管理，以风险防控为保障，坚决筑牢高质量发展基石；抓风险隐患整改攻坚，保生产运行安全；抓合同管理，促依法合规；抓不稳定因素大排查，营造和谐发展大环境。建立完善由公司纪委牵头，审计、财务、内控等部门协调运行的大监督工作机制，形成监督工作整体合力，推动形成不敢腐不能腐不想腐的有效机制。

2. 持续深化党风廉政建设

以集团公司党组落实党风廉政建设党委主体责任实施细则，及党组纪检组落实党风廉政建设监督责任实施细则为指导，制定天然气销售东部公司两个"细则"。以落实"两个责任"为抓手，全面推进党风廉政建设；把落实业务部门监管责任作为推进党风廉政建设的重要抓手，着眼风险防控，紧盯关键环节，规范业务流程，强化过程监督，形成全面覆盖、分工明确、协同配合、制约有力的监督体系。全面贯彻落实《中国共产党党内监督条例》，吃透精神、把准要求，执好纪、问好责、把好关。

3. 营造风清气正的环境

认真落实签字背书制度，逐级签订党风廉政建设责任书，固化廉政建设责任传导链条。加大规章制度宣传力度，组织党员干部学习讨论，确保大家

"明规矩、知底线"。开展反面典型案例学习,从集团公司通报的部分单位和党员干部违纪违法问题等案例中汲取教训,切实做到警钟长鸣。严格落实中央八项规定精神,坚决反对"四风"。

三、"四气"营销文化建设的意义与实践成效

人无精神则不立,国无精神则不强。"四气"营销文化,源于气,用于气,是东部公司广大干部员工积极探索实践结出的精神硕果,是大庆精神铁人精神和中国石油天然气销售公司文化的传承和弘扬,是天然气销售东部公司优良作风的生动实践,是激励广大干部员工持续奋力、开拓创新的强大精神动力。

几年来,在"四气"营销文化的引领下,天然气销售东部公司全体干部员工以更加旺盛的斗志、更加顽强的意志、更高昂的士气、更加扎实的工作,经受了重重困难考验,不断夺取改革发展的胜利。

(一)以朝气谋发展,量效齐增、气贯华东的市场格局持续巩固

在党的建设引领和保障下,天然气销售东部公司2017、2018年天然气销量实现两位数增速,市场份额始终保持在60%以上,抓住了国内天然气消费快速增长的有利机遇,推价工作取得突出成效,营业收入增速显著快于销量增速,有力推动了集团公司天然气业务链价值提升。2019年,按照新的职能定位,坚定发展信心,加快转变提升,始终保持队伍稳定和谐,逐步发挥协调监督作用,在新的角色中担负起新的使命。特别是2020年以来,国内"双碳"目标提出后,天然气作为主体清洁能源的地位更加突出,发展路径更加清晰。天然气销售东部公司有力把握经济复苏、燃气发电指标增加、南方地区清洁取暖等有利契机,协调增加资源,加强客户服务,全力抢占市场。批发环节全年销售天然气同比增长9.4%,成功遏制住近年来市场份额持续、加快下滑的势头,市场占有率在2021年不降反升,由2020年的48%提高至

49%。特别是公司主导与上海燃气的年度合同谈判，合同量同比增加 10 亿立方米，市场份额同比提升 7 个百分点。带领浙江公司成功发展 15 家电厂直供，全年增加销量 20.8 亿立方米，市场份额同比提升 10 个百分点。

（二）以正气铸队伍，忠诚可靠、清正廉洁的品牌形象日益彰显

几年来，天然气销售东部公司党委始终把政治建设放在首位，深入学习贯彻习近平新时代中国特色社会主义思想，广大党员干部不断增强"四个意识"、坚定"四个自信"、做到"两个维护"。搭建党建责任体系，形成"党委书记负总责，班子成员分管，组织部长具体抓，基层党组织书记为直接责任人"的管理架构，形成齐抓共管的有效机制；稳步夯实党建基础，不断进行探索和创新，较好发挥了党支部带头执行、有效监督、凝聚人心的战斗堡垒作用，广大党员充分发挥牢记宗旨、服务群众、干事创业的先锋模范作用。

（三）以大气勇担当，服务大局、助力区域的协调监督机制有效运行

几年来，围绕深化区域统筹平衡和全面加强服务协调，公司干部员工不断强化政治意识、大局意识、责任意识，持续提高对行业法规的认识水平和执行水平，增强了依法依规监督、服务、协调的能力，将服务协调重心由现场向管理转变，强化各专业之间的互相配合、相互佐证，促进了管理水平提升。2021 年，面向山东、上海和浙江公司 48 家项目单位，开展财务大检查，发现问题 631 项、核查整改问题 81 个；常态化开展天然气销售检查、价格监督检查等，持续提升风险防控水平，堵塞管理漏洞，提高业务质量和效益；开展质量安全环保现场监督检查，派出 332 人次，涉及二级单位 7 个、项目单位 110 个，发现问题 1445 个，实现"专项监督任务完成率"等四个关键指标 100%，区域内各单位生产安全、环境污染和生态破坏事故均为零，新冠肺炎零感染、零死亡；对 34 个项目进行工程监督，开展各种检查 87 次，发现问题 346 个，实现"区域内二级单位监督覆盖率"等 8 个指标 100%，质量安全事故零发生；2021 年针对"7·20"特大暴雨，与河南销售公司一道现场研

究解决方案，及时抢修和保护断管、漂管、悬空、裸露等 16 处隐患，第一时间向 3600 户居民、80 户工商服用户恢复供气。

（四）以和气建生态，共生共荣、互利多赢的发展环境更加友好

天然气销售东部公司成立以来，积极践行和合与共的理念，积极处理好与地方政府、客户、行业参与者的关系，形成了良好的商业生态。

一是与地方政府形成互相理解、互相支持的良性互动。确立了作为地方政府"绿色发展参谋"定位，建立了长效沟通机制，实现了信息共享，在冬季保供、工程建设等方面获得有力支持。

二是与客户之间形成互相信赖、互相成就的良性循环。把企业发展的支点建立在为客户创造价值的基石上，以满足用户需求为根本、保证用户满意为准则、超越用户期望为目标，不断改进服务工作，提升服务质量，以优质服务树形象、铸品牌，妥善应对了江苏燃气电厂顶峰运行、河南暴雨等应急事件，提高了客户满意度和忠诚度。北方管道、申能集团、华润燃气等纷纷发来感谢信，得到了兄弟单位和下游用户的认可。

三是与行业参与者形成互相补台、互利多赢的良性竞合。针对东部区域竞争市场激烈、中国石油在资源端和市场端的主导地位均受到严重威胁的形势，公司通过搭建资源组织体系，实施"竞合"策略，与新奥、申能等资源主体常态化沟通交流，通过资源串换、互保互供、使用 LNG 接收站窗口期等，实现了资源的相互补台、一体统筹，提升话语权；构建有弹性可调节的营销体系，着眼于苏浙沪区域气电发达优势，巩固和深化合作关系，充分发挥削峰填谷作用。

四、"四气"营销文化建设的不足与下一步举措

天然气销售东部公司"四气"营销文化建设不断深化，取得了明显成效，但对照集团公司文化引领战略举措和专业公司的部署要求，还存在一定

差距。

一是内涵探挖不足，尚未形成统一共识。缺乏在遵循集团公司和专业公司上层文化的基础上，结合天然气销售东部公司实际进行深入研究、系统阐述；有的对集团公司和专业公司上层文化与东部公司基层文化的关系认识不清，将二者割裂甚至对立起来；领导在不同场合有不同提法和表述，缺乏统一基调。

二是宣贯缺乏规划，尚未实现深入人心。没有制定统一的文化建设规划，进行有计划、多形式、多渠道、可持续的宣贯；"四气"营销文化的表达方式和话语体系研究不够，不够接地气。

三是融入管理运营深度不足，有待进一步转化为发展优势竞争优势。精神文化与制度文化的融入结合不够，部分制度更新滞后、落实不到位；精神文化融入业务发展、市场开拓不充分，未深入内嵌到运营管理的全过程、各环节；管理文化、服务文化、廉洁文化等专项文化建设机制有待完善，支撑作用发挥有待加强。

四是有形化成果不够丰富，缺乏有代表、有影响的英模、传奇和故事。文化需要一些物化的载体来传承。虽然天然气销售东部公司每年召开各类先进表彰大会，开展拍摄讲故事活动，但大多停留在宣传层面，从文化层面的深度挖掘不足。

针对存在的问题，建议按照"科学发展、循序渐进、全员参与、岗位践行"的要求，坚持有形化、全员化、品牌化、战略化的路径，持续推进"四气"营销文化的培育、实践和发展，强化落地和深植，进一步转化为发展优势竞争优势。

（一）弘扬石油传统，融入天然气管理新实践，推动熔铸于魂

组织专门力量，总结中国石油天然气业务发展的优良传统，大力传承石油精神和大庆精神铁人精神，深入研究天然气业务发展的新形势新任务新问题，吸纳借鉴各类新文化、新思想、新观念中的有益成分和广大干部员工实

践创造的新经验新成果，不断总结经验、兼收并蓄、提炼理念，形成与一流天然气管理运营公司相适应的公司文化理念体系，不断拓展"四气"营销文化的内涵和外延，使之与时俱进、充满生机活力。

（二）丰富传播载体，创新宣贯形式，推动内化于心

加强文化建设顶层设计，编制公司《文化建设手册》，紧密结合实际，领导干部带头，开展典型选树、岗位讲述、文化故事等多种形式的学习、宣传、教育、文化活动；建设高水平高质量文化展厅、文化墙，深入总结和开发文化案例、先进典型、文创产品、新媒体产品等，深挖文化内涵，培养文化队伍，培训讲解员，推动"四气"营销文化可视化、典型化、形象化；进一步丰富载体、搭建平台，深化与所协调公司和地方合作伙伴的思想文化、业务合作、人员交流，通过交流传播公司文化理念，营造共生互生再生的发展生态。

（三）融入各项管理，构建文化机制，推动固化于制

文化与管理，是团队建设的两翼，相互渗透、优势互补，企业才能高质量发展。把"四气"营销文化纳入公司战略管理，以战略引领文化建设，以文化支撑战略落地；融入日常管理、运营服务、安全环保、队伍建设、考核激励等各项制度建设之中，不断优化管理程序，完善管理制度，规范操作流程，用文化理念引领和评估制度建设，用制度固化和保障文化建设的成果。

（四）深化岗位实践，培养行动习惯，推动外化于行

以部门、项目和岗位为基层单元，紧密结合发展需要，大力开展形式多样的"四气"营销文化岗位实践等活动，从一点一滴入手，从一言一行抓起，把文化融入员工日常各项工作之中、落实到岗位上；长期坚持、久久为功，不断改善员工行为，强化优良作风养成，促进文化从理念到实践再到行为习惯的深层转变。

(五)丰富文化阵地和物质载体,营造良好氛围,推动实化于物

在加强无形的理念、制度建设的同时,要更加格外重视有形的文化环境建设。工作生活的环境,空间的打造,事物的摆设,无一不是审美,无一不是文化。建议结合实际,精心设计和打造创作文创产品,设置环境艺术景观,推进"四气"营销文化有感可视,使办公、活动、业务空间(场所)的"每一面墙都说话,让每一事件都传达文化的理念,每一处都散发着文化的气息",发挥耳濡目染、潜移默化的效果。

(主研人:陈振海　蔺军伟　张绚懿　王彦哲　沈　忱)

附录

中国石油党建思想政治工作研究会
中国石油大庆精神铁人精神研究会

政研会〔2023〕1号

关于公布中国石油 2022 年度思想政治工作优秀研究成果和优秀组织单位的通知

各会员单位：

2022年，各单位坚持以习近平新时代中国特色社会主义思想为指导，深入学习宣传贯彻党的二十大精神，牢牢把握职责定位，紧扣企业发展实际，紧密围绕加强和改进思想政治工作，分析情况、研究问题、探索办法、总结经验，形成了一批有价值、有分量的研究成果。经会员单位推荐申报、评委评审，评审组审定并报研究会领导批准，评选出优秀研究成果一等奖18篇、二等奖35篇、三等奖53篇，课题研究优秀组织单位10家。

希望获奖单位和个人珍惜荣誉、再接再厉，认真学习宣传贯彻党的二十大精神，深刻把握党的二十大对新时代思想政治工作提出的任务要求，坚持不懈用习近平新时代中国特色社会主义思想凝心铸魂，围绕中心、服务大局，深入开展思想政治工作实践创新和理论探索，力争多出先进典型经验，多出优秀研究成果，为高质量思想政治工作助力高质量发展提供坚实支撑，推动中国石油思想政治工作再上新台阶。

附件：1. 中国石油 2022 年度思想政治工作优秀研究成果名单
2. 中国石油 2022 年度思想政治工作课题研究优秀组织单位名单

中国石油党建思想政治工作研究会

2023 年 2 月 14 日

附件1

中国石油 2022 年度思想政治工作
优秀研究成果名单

一等奖（18 个）

把思想政治工作作为国有企业治理的重要方式研究

——大庆油田公司

文化引领企业高质量发展实践研究

——辽河油田公司

新时代视野下的石油企业思想政治工作创新研究

——长庆油田公司

党委意识形态工作责任制落实落地研究

——新疆油田公司

党委理论学习中心组专题研讨"五个一"机制实践研究

——华北油田公司

深入开展主题教育活动　推动世界一流企业建设实践研究

——渤海钻探公司

"一带一路"倡议下世界一流企业品牌形象构建

——东方物探公司

炼化企业疫情防控期间员工人文关怀实践研究

——吉林石化公司

深入学习贯彻习近平总书记重要指示批示精神实践研究

——兰州石化公司

企业文化融合的探索与实践

——独山子石化公司

加强新时代先进石油文化建设　发挥文化引领作用实践与研究

——华北石化公司

推动新发展理念在石油销售企业贯彻落实的实践路径研究

——河北销售公司

弘扬伟大延安精神实践研究

——陕西销售公司

新时代国有企业新闻媒体深度融合的实践与思考

——管道局工程公司

用好红色资源　传承红色基因　助力高质量发展研究

——宝鸡钢管公司

世界一流企业全球传播话语体系及中国企业对外话语体系构建实践研究

——经济技术研究院

高质量党建引领"双一流"建设研究

——北京石油管理干部学院

实施文化引领战略举措　建设"四气"营销文化的探索实践

——天然气销售公司

二等奖（35个）

铁人王进喜的爱国情怀、革命精神和人格魅力研究

——大庆油田公司

提升企业舆情应急处突能力的实践路径研究

——辽河油田公司

石油企业突发事件新闻舆情处置策略与思考

——长庆油田公司

塔里木油田加强和改进思想政治工作创新实践研究

——塔里木油田公司

5G 时代企业电视媒体转型发展路径与实践研究

——西南油气田公司

围绕"三分天下"布局　发挥文化引领作用实践与研究

——吉林油田公司

打造"四度"思想政治工作实践与研究

——大港油田公司

把思想政治工作作为企业治理的重要方式实践研究

——吐哈油田公司

丰富石油精神和大庆精神铁人精神时代内涵研究

——冀东油田公司

用好红色资源　赓续精神血脉　赋能高质量发展实践研究

——玉门油田公司

以合规文化为表征的"三基"工作管理模式实践

——煤层气公司

创新国际传播　面向全球塑造世界一流品牌形象实践研究

——中油国际管道公司

推进国际传播　面向世界塑造一流品牌形象实践研究

——长城钻探工程公司

石油科研企业弘扬科学家精神研究

——工程技术研究院

新时代工程技术服务企业加强和改进思想政治工作路径研究

——川庆钻探公司

国有大型炼化企业形象建设实践研究

——大庆石化公司

突出八星八点　让文化引领植根于员工心中实践研究

——抚顺石化公司

持续开展主题教育　推动提质增效价值创造行动实践研究

——乌鲁木齐石化公司

加强新时代先进石油文化建设　发挥文化引领作用实践与研究

——哈尔滨石化公司

基层思想政治工作创新实践研究

——呼和浩特石化公司

深入开展主题教育　以管理提升推动高质量发展的实践与研究

——华北化工销售公司

新时代销售企业特色文化建设与企地融合的探索实践

——云南销售公司

加强新时代先进石油文化建设　发挥文化引领作用实践与研究

——内蒙古销售公司

销售企业基于主题教育活动推动提质增效价值创造实践研究

——甘肃销售公司

弘扬脱贫攻坚精神　强化主动担当作为　为全面推进乡村振兴贡献石油力量实践研究

——新疆销售公司

新时代政治理论学习方法研究与思考

——重庆销售公司

成品油销售企业营销文化建设研究

——四川销售公司

重大公共卫生形势下做好员工思想政治工作的实践与思考

——贵州销售公司

销售企业党委意识形态工作责任制落实落地研究

——浙江销售公司

加强新时代先进石油文化建设　发挥文化引领作用实践与研究

——工程建设公司

持续开展主题教育活动　推动提质增效价值创造行动实践研究

——寰球工程公司

红色金融文化赋能"二次创业"的探索与实践

——昆仑银行

混合所有制上市公司品牌策略的研究与思考

——中油工程

融媒体时代企业舆论引导与危机应对研究

——天然气销售公司

传承大庆精神铁人精神　多维度提升国际化形象实践与思考

——国际事业

三等奖（53个）

新时代加强和改进宣传工作实践研究

——青海油田公司

持续开展主题教育活动　促进提质增效价值创造实践研究

——西部钻探公司

巩固拓展党史学习教育成果　建立常态化长效化机制实践研究

——东方物探公司

文化引领促进高质量发展的探索与实践

——中油测井公司

基于融媒体时代思想政治工作创新研究

——海洋工程公司

持续开展主题教育活动　推动提质增效价值创造行动实践研究

——抚顺石化公司

推动党史学习教育常态化长效化的探索与研究

——辽阳石化公司

文化引领作用发挥探索与实践

——宁夏石化公司

新时代领导干部的媒介素养与提升路径研究

——大连石化公司

深入学习贯彻习近平总书记对中国石油和中国石油相关工作重要指示批示精神实践研究

——大连西太石化公司

深入开展主题教育活动　推动世界一流企业建设实践研究

——锦州石化公司

延安精神与大庆精神铁人精神关系研究

——锦西石化公司

深入学习贯彻习近平总书记对中国石油和中国石油相关工作重要指示批示精神实践研究

——广西石化公司

思想政治工作助力企业治理效能提升研究

——四川石化公司

关于石化企业文化建设的实践研究

——广东石化公司

以文化新优势激活企业发展新动能研究

——大港石化公司

延安精神与大庆精神铁人精神关系研究

——长庆石化公司

持续开展主题教育　促进科研与安全工作创新高效的探索与实践

——克拉玛依石化公司

弘扬伟大建党精神　用好红色资源　推动企业高质量发展研究

——庆阳石化公司

强化依法合规意识　推进世界一流企业建设实践研究

——燃料油公司

全媒体时代企业形象建设策略研究

——润滑油公司

用新发展理念推动现代化工贸易公司建设实践研究

——西北化工销售公司

化工销售企业发挥文化引领作用的实践与研究

——西南化工销售公司

文化引领促进提质增效实践与研究

——东北销售公司

用好红色资源赋能高质量发展实践研究

——西北销售公司

借力重大活动推进销售行业文明创建提质增效实践与研究

——上海销售公司

基层思想政治工作创新实践调研和思考

——湖北销售公司

新时代石油销售企业加强和改进宣传工作实践研究

——辽宁销售公司

疫情防控期间加强员工思想政治工作研究

——吉林销售公司

中华优秀传统文化在企业管理中的作用研究

——天津销售公司

新时代领导干部的媒介素养与提升路径研究

——山西销售公司

基层党委落实"两个一以贯之"的实践研究

——青海销售公司

全媒体时代企业形象建设策略研究

——宁夏销售公司

新形势下思想政治工作助推销售企业提质增效实践研究

——西藏销售公司

成品油企业网络舆情分析及对策研究

——江苏销售公司

深入开展主题教育活动　推动世界一流企业建设实践研究

——安徽销售公司

高质量开展企业文化建设的探索与实践

——江西销售公司

用好红色资源、赓续精神血脉　助力企业高质量发展实践的研究

——河南销售公司

将思想政治工作作为企业治理的重要方式研究

——湖南销售公司

新时代销售企业"三基"工作模式研究

——广西销售公司

持续开展主题教育活动　推动提质增效价值创造实践研究

——海南销售公司

聚焦新时代石油文化建设　打造"诚信文化"实践研究

——石油化工研究院

石油精神和大庆精神铁人精神的时代内涵、价值及实践路径研究

——昆仑工程公司

加强国际传播　塑造世界一流品牌形象实践研究

——技术开发公司

健全完善思想政治工作体制机制实践研究

——宝鸡钢管公司

打造石油装备"热文化"品牌　发挥文化引领作用实践与研究

——渤海装备公司

新时代中国石油科研单位加强和改进宣传工作的实践研究

——规划总院

提升基层思想政治工作质量的实践与研究

——安全环保技术研究院

加强思想政治工作　助力高质量发展的实践与研究

——工程材料研究院

用好红色资源　赓续红色血脉　提升党性修养实践研究

——北京石油管理干部学院

发挥监察监督作用　保障世界一流企业建设实践研究

——审计中心

加强和改进视频宣传工作的探索研究

——物资采购中心

落实主体责任　强化源头治理　形成强大合力　营造健康平稳发展的舆论环境实践研究

——运输公司

附件 2

中国石油 2022 年度思想政治工作课题研究优秀组织单位名单

大庆油田公司

辽河油田公司

长庆油田公司

新疆油田公司

东方物探公司

兰州石化公司

吉林石化公司

陕西销售公司

管道局工程公司

天然气销售公司